미완성식탁 마카롱 수업

미완성식탁 마카롱 수업

사계절 제철 식재료로 만드는 패셔너블 마카롱 레시피

INCOMPLETETABLE 최창희 지음

 세미콜론

Prologue

우리는 정해진 기준 안에서 성공과 실패를 반복하는 인내의 시간을 보냅니다.
저 역시 마카롱을 처음 만들기 시작했을 때는 '기준'에 맞춘
'정답'을 찾기 위해 부단히 노력했습니다.
그렇게 수년간 수천수만 번의 마카롱을 굽고 검수하며
깨우친 것이 있다면 '정답은 없다'는 것이었습니다.
그 후 가장 기본적인 것은 지키되, 제 방향성대로 질감과 향,
맛을 만들어 가며 마카롱을 완성하고자 노력하고 있습니다.
저는 프랑스에서 현지 식문화를 깊게 접하고
정통 마카롱의 식감과 맛, 판매 방식, 그리고 이들이 마카롱을 통해
전달하고자 하는 가치는 무엇인가에 대해 오래 생각했습니다.

숱한 고민 끝에 공법과 기교에 매진하기보다 정통 방식을 따르되,
제가 생각하는 한국적인 요소를 적절히 배합해
마카롱의 한국적인 해석을 보여 주자는 방향성을 정립할 수 있었습니다.
누군가 미완성식탁의 마카롱을 한입 베어 문 후
"프랑스에서 먹었던 그 식감 그대로인데, 한국의 익숙한 맛이 나!"라고
재밌어하는 모습을 상상하며 매일 마카롱을 만듭니다.

기본기를 다져 줄 레시피북은 이미 세상에 많고,
인터넷 검색만으로도 손쉽게 마카롱 레시피를 접할 수 있는 시대입니다.
대다수의 레시피는 머랭의 점도나 건조 시간 등의 디테일에 집중하고 있으나
이 책은 코크보다 필링인 가나슈의 비중이 훨씬 큽니다.
제 경험상 코크가 주는 감동은 생각보다 오래가지 않았기 때문이에요.
물론 이 책에서도 마카롱 하나를 완성하기 위한 모든 기초 가이드와 레시피를
상세히 안내하고 있지만,
정말로 이 책에서 이야기하고 싶은 마카롱의 핵심은
'이 작은 디저트에 원재료의 맛을 얼마나 풍부하고 조화롭게 함축시켜
담았는가'입니다.
이 책을 본 독자들이 마카롱 만들기는 물론, 일상의 재료에 대해
더욱 친근한 마음으로 접근할 수 있기를 바랍니다.
냉장고 속에서 어떤 식재료를 마주했을 때 문득 미완성식탁의 마카롱이
떠오른다면 더없이 기쁘겠습니다.

마카롱은 습도와 온도, 주변 환경에 아주 예민한 존재입니다.
우리의 삶 또한 계획대로 되지 않고 주변 환경에 좌우되기도 합니다.
날마다 100% 완벽할 수 없어도 우리는 그 과정들을 즐거이 여기며,
더욱 완벽한 하루를 만들어 가기 위해 고군분투합니다.
마카롱을 만드는 작업 또한 비슷합니다.
모든 주변 환경을 완벽히 제어할 수 없더라도 꾸준히 만들어 가다 보면
점점 안정이 되고 마침내 만족스러운 결과물을 얻을 수 있죠.
이러한 미완의 시간들을 여러분들이 기꺼이 즐길 수 있기를 바랍니다.

미완성식탁
최창희

incompletojcompl

We are offering seasonal desserts along with delicious beverages.
Our desserts are chocolate based and we provide a communal yet zen vibe for everyone.
Sometimes we make food with people we adore and enjoy our lives to the fullest.
No single lives are complete.
We want to live day by day with incomplete lives who make each other complete.

Our macarons are made with French Couverture chocolate.

구매 후 냉장보관 시 최대 3일까지 섭취 가능합니다.
37, Mangwon-ro 5-gil, Mapo-gu, Seoul, Republic of Korea

CONTENTS

0
Incompletetable Basic
미완성식탁의 기본

필링

코크

1
Incompletetable Classic
미완성식탁 클래식

2
Incompletetable Season
계절의 미완성식탁

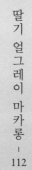
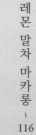

SPRING

레몬 요거트 마카롱 ― 134

라임 로즈메리 마카롱 ― 142

발사믹 선드라이드 토마토 마카롱 ― 148

망고 패션프루트 마카롱 ― 154

완두콩 마카롱 ― 158

SUMMER

민트 아몬드 마카롱 — 166

단호박 피칸 마카롱 — 170

밤 바나나 패션프루트 캐러멜 마카롱 — 176

밤 말차 마카롱 — 184

커피 마카롱 — 188

AUTUMN

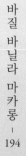

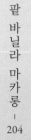

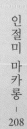

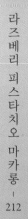

바질 바닐라 마카롱
— 194

유자 딸기 마카롱
— 198

팥 바닐라 마카롱
— 204

인절미 마카롱
208

라즈베리 피스타치오 마카롱
— 212

WINTER

도구 소개

1 믹싱볼

스테인리스 볼과 폴리카보네이트 볼의 두 가지 종류가 있습니다. 내열이 되고 세척 및 관리가 쉬운 폴리카보네이트 볼을 가장 많이 사용합니다. 재료를 담고 잘 섞거나, 코크 반죽을 섞을 때, 필링의 주재료인 초콜릿을 녹일 때 등 많은 과정에서 사용하니 다양한 크기로 준비해 두면 좋습니다.

2 마카롱 패턴지

코크를 짜기 전 오븐 팬 위에 마카롱 패턴지를 깔고 그 위에 테프론시트를 얹으면 선이 비쳐 보여서 반죽을 고른 크기와 간격으로 짜기 쉽습니다. 인터넷에 '마카롱 패턴지', '마카롱 도안'으로 검색하면 다양한 사이즈와 모양의 패턴지가 나옵니다. 출력한 뒤 코팅해서 써야 재사용이 용이하므로 참고하세요. 이 책 맨 뒤에도 잘라 쓸 수 있도록 넣었으니 활용해 보세요.

3 테프론시트

오븐 팬 위에 올리고 코크 반죽을 짜서 굽는 기름종이 질감의 시트지입니다. 반영구적으로 사용이 가능한 테프론시트를 추천하며 다용도로 사용이 가능하므로 구매해 두면 좋습니다.

4 짤주머니

위생적인 면에서 일회용 비닐 짤주머니를 추천합니다. 비닐 두께가 너무 얇으면 짜다가 터질 수 있기 때문에 어느 정도 두께감이 있는 것이 좋으며, 18인치 짤주머니를 사용합니다.

5 스크래퍼

짤주머니에 담긴 반죽이나 필링을 밀어 깔끔하게 모아 주고 정리하는 역할을 합니다. 짤주머니와 짝꿍처럼 함께 구비해 두세요.

6 식힘망

일반 가정에서는 가게처럼 렉(오븐에서 나온 베이커리류를 임시로 보관하는 선반)을 두지 않기 때문에 식힘망이 필수입니다. 다 구워진 오븐 팬을 꺼내 올려 식히는 용도로 사용합니다.

7 냄비

스테인리스 냄비와 동냄비 두 가지를 주로 사용합니다. 특히 캐러멜 작업 시에는 열전도율이 좋은 동냄비를 강력 추천합니다. 일정하고 균일한 온도로 끓어오르기 때문에 캐러멜 작업뿐만 아니라 퓌레, 잼을 만들 때도 훨씬 수월하며 완성도도 높습니다. 가격이 비싼 것이 단점이지만 계속 마카롱 작업을 한다면 동냄비를 구비해 두길 권합니다.

8 계량컵

액체 재료를 계량하거나 짤주머니에 반죽 또는 가나슈를 담는 거치대로 씁니다.

9 전자저울

베이킹의 기본은 정확한 계량에서 시작됩니다. 1g 차이로 모든 것이 달라지니 마카롱을 만들기 전 반드시 구비해야 하는 필수 도구지요. 5kg 정도의 무게를 견디는 저울과 0.1g까지 측정이 가능한 미세저울 이렇게 두 가지 정도 가지고 있으면 좋습니다.

10 원형 깍지

코크 반죽과 필링을 짤 때 필요하며 비닐 짤주머니에 끼워(35p 참고) 사용합니다. 주로 작은 깍지로 원형 지름 1cm, 큰 깍지로 원형 지름 1.5cm 깍지를 사용하며, 필링을 짤 때는 더 큰 깍지를 사용해도 무방합니다.

11	핸드믹서	머랭을 올리거나 생크림을 휘핑할 때 사용합니다. 손으로 머랭을 올릴 때보다 비교도 안 될 만큼 빠르고 단단한 머랭이 만들어집니다.
12	스패출러	코크 반죽 시 꼭 필요한 고무 재질의 주걱입니다. 특히 코크 반죽에서 볼 벽에 반죽을 폈다가 모으기를 반복하는 마카로나주 작업 시에 면이 평평한 스패출러를 사용해야 수월하니 참고하세요.
13	온도계	시럽이나 캐러멜 작업 시 필요한 온도계입니다. 얇은 쇠 막대기를 시럽이나 캐러멜에 직접 닿게 하여 사용합니다.
14	체	작업 전 가루류를 체에 곱게 내릴 때나 액체에 담긴 껍질, 찻잎을 거를 때도 유용합니다. 아몬드파우더의 경우 간혹 체에 걸러지지 않는 경우가 있는데, 푸드프로세서로 한 번 적당히 간 뒤 체에 내리면 해결됩니다. 원두 가루의 경우는 입자가 아주 작은 원두 전용 체를 사용하세요.
15	트레이	바닥이 평평하고 높이가 낮은 사각형 스테인리스 트레이이며 '밧드'라는 이름으로도 불립니다. 가나슈를 붓고 랩을 씌워 짜기 좋은 상태로 굳힐 때 사용합니다.
16	거품기	재료를 뭉침 없이 가볍게 골고루 섞을 때 사용합니다.
17	타이머	오븐에 코크를 구울 때, 가나슈 재료를 끓이고 유화하고 굳힐 때 등 가지고 있으면 활용도가 좋습니다.
18	랩	트레이에 담은 가나슈 표면에 밀착시켜 씌워 굳히는 용도로 사용합니다.
19	주방 가위	랩이나 짤주머니 끝을 자를 때 필요합니다.
20	오븐	베이킹은 어느 정도 장비의 영향을 받습니다. 가정용 오븐을 사용하여 구워도 괜찮지만 미완성식탁과 동일한 마카롱의 퀄리티를 위해서는 오븐 역시 매우 중요합니다. 온도 유지율, 바람의 세기 등 오븐 브랜드마다 조금씩 다른 결과물이 나온다는 점을 유의해 주세요. 미완성식탁은 일정하고 고운 색과 질감을 표현해 주는 스메그 오븐을 사용했습니다. 레시피에 표기한 굽기의 온도도 스메그 오븐 기준임을 참고해 주세요.
21	핸드 블렌더	재료들을 섞을 일이 많은 마카롱 작업 시 뭉침 없이 완벽하게 혼합시키는 중요한 역할을 합니다. 가나슈를 유화시키는 과정에도 꼭 필요한 도구지요.

22 스탠드믹서   많은 양의 반죽을 안정적인 퀄리티로 만들어야 한다면 필수로 구비해
야 하는 도구입니다. 실제 미완성식탁에서는 핸드믹서 대신 키친에이
드사의 스탠드믹서를 사용합니다. 여건이 된다면 가정에서도 가급적
핸드믹서 대신 스탠드믹서를 사용하길 권장합니다.

23 푸드프로세서   가루류를 곱게 갈거나, 양이 많고 질감이 무거운 재료들을 뭉침 없이
고른 질감으로 섞을 때 무척 유용합니다. 이 책에서는 단호박, 완두콩
등의 퓌레를 만들 때 사용합니다.

재료 소개

신선한 원재료 95%에 작업자의 기술력 5%가 더해져 양질의 마카롱이 만들어집니다.

재료의 중요성은 계량과 마찬가지로 마카롱 작업에서 가장 강조하고 싶은 부분이에요. 평소에도 문의가 많아 실제로 미완성식탁에서 사용하는 브랜드와 구입처를 함께 적었습니다. 이것 역시 하나의 제안이므로 직접 좋은 재료를 마음껏 맛보면서 자신의 취향을 찾아가는 경험을 해 보길 바랍니다.

코크 재료

달걀흰자

미완성식탁에서는 위생을 위해 난백(액상 달걀)을 사용합니다. 일반 달걀을 사용한다면 달걀노른자와 분리한 뒤 달걀흰자만 밀폐 용기에 담고 3일간 냉장 보관한 뒤 쓰세요. 바로 사용해야 한다면 반드시 알끈을 제거하세요. 머랭이 잘 올라오는 최적의 상태를 만들기 위한 방법입니다.

아몬드파우더

제분 일자가 얼마 되지 않은 것으로 고르세요. 서늘한 곳에서 습기 없이 보관해 수분이 차지 않게 하는 것도 중요합니다. 미완성식탁에서 사용하는 아몬드파우더는 공주상회 제품입니다.

코코아파우더

카카오를 분쇄하여 가루로 만든 것으로 매우 고운 입자가 특징입니다. 이 책에서는 고운체에 담아 코크 위에 솔솔 뿌려 가니시하는 데 주로 사용합니다. 다크초콜릿 마카롱의 경우 코크 반죽에 코코아파우더를 넣어 은은하면서도 고급스러운 초콜릿 빛깔을 냅니다.

분당

설탕을 곱게 간 분당을 사용합니다. 전분이 소량 첨가된 '슈가파우더'와 다르니 참고하세요.

설탕

코크나 필링 재료의 색을 온전히 내기 위해 백설탕을 추천합니다.

색소

코크에 색을 내기 위해 아주 소량을 티스푼에 덜어 사용하며, 미완성식탁에서는 액체로 된 윌튼색소를 사용합니다. 레시피마다 사용한 색소 이름과 양을 적어 놓았어요. 처음부터 너무 많이 넣지 말고 조금씩 넣어 가며 원하는 색을 맞추세요.

필링 재료

초콜릿

필링으로 대부분 가나슈를 쓰므로 어떤 초콜릿을 선택하는지에 따라 마카롱 맛이 결정됩니다. 미완성식탁은 다크초콜릿, 밀크초콜릿, 화이트초콜릿 모두 발로나VALRHONA 브랜드를 사용합니다. 첨단 기술로 만든 최고급 초콜릿의 향연을 느껴 보세요. 딸기, 유자 등 맛이 첨가된 초콜릿은 발로나 인스피레이션VALRHONA INSPIRATION을 사용합니다. 인공 향료가 아닌 천연 재료로 만들어 최고의 퀄리티를 느낄 수 있어요. 책에 표시된 용량도 발로나 기준이므로 다른 브랜드의 초콜릿을 쓸 경우 용량 차이가 있을 수 있는 점 참고하세요.

버터

초콜릿에 버터를 넣고 핸드 블렌더로 수분간 섞으면 유화가 되며 이는 곧 필링으로 쓰이는 '가나슈'가 됩니다.

생크림

일반 생크림보다 무거운 질감의 생크림을 사용해야 가나슈가 짜기 알맞게 굳고 풍부한 맛을 냅니다. 레스큐어LESCURE 브랜드의 생크림을 사용합니다.

페이스트	견과류는 기름이 많아 산패되기 쉽습니다. 수입산이어도 기름 찌든 냄새가 심해 파우더로만 공급받고 있습니다. 특히 견과류는 유럽산을 쓰려고 노력하는데, 국내에서는 구하기 쉽지 않아요. 특히 피스타치오 페이스트는 시칠리아산을 고집하며 국내에서는 제원인터내쇼날, 아이푸드넷에서 구입 가능합니다.
퓌레	퓌레를 직접 만들어 쓰는 방법도 있지만, 망고, 패션프루트, 라임 등의 과일 재료들은 동일한 퀄리티를 위해 시판 퓌레를 사용합니다. 베이커리뿐만 아니라 음료나 요리에 다양하게 활용 가능합니다. 브와롱 BOIRON의 냉동 퓌레를 사용하며 제원인터내쇼날에서 구입 가능해요.
바닐라 빈	바닐라 빈은 고가의 향신료입니다. 좋은 바닐라 빈을 찾기 위해 발품을 파는 셰프들도 많지요. 미완성식탁은 '마다가스카르 바닐라 빈'을 사용하며 달콤하고 스모키한 향이 매력이에요. 이 외에도 꽃향기가 특징인 '타히티 바닐라 빈', 살짝 스파이시한 '멕시코 바닐라 빈' 등이 두루 사용됩니다. 제가 존경하는 한 셰프는 이 바닐라 빈들을 전부 블렌딩한 바닐라 마카롱을 만들기도 합니다. 우리는 천천히 그 경지에 올라가 봅시다.
말차파우더	말차파우더는 브랜드마다 맛이 다르기 때문에 취향에 따라 선택하세요. 고급 재료이므로 가격대에 따라 맛도 천차만별입니다. 미완성식탁은 마루비시, 고씨곳간 브랜드를 사용해 안정적인 맛을 내고 있습니다.
쑥파우더	쑥파우더 역시 업체마다 쓴맛과 질감의 미세한 차이가 존재합니다. 미완성식탁은 두손애약초의 유기농 제품을 씁니다.
얼그레이, 재스민 찻잎	말린 찻잎을 생크림에 직접 우려 사용합니다. 차 종류마다 여러 브랜드가 있어 직접 먹어 보고 취향의 찻잎을 준비하면 훨씬 더 좋습니다. 미완성식탁은 아마드 티AHMAD TEA 같은 세계적인 브랜드의 찻잎을 사용하고 있습니다.
카카오버터	미완성식탁에서는 과일 퓌레를 사용한 가나슈에 함께 써서 단단함을 유지시킵니다. 카카오버터는 34~38℃에서도 초콜릿의 고체 형태가 유지되며 1년 정도 장기 보관이 가능하다는 장점이 있습니다.
화이트와인 비네거	가볍고 청량한 맛이 특징인 식초입니다. 화이트와인 비네거에 화이트초콜릿을 넣게 되면 발효가 잘된 크림치즈의 맛을 경험할 수 있습니다. 파스타 등의 일반 요리에도 사용 가능하니 구비해 두면 활용도가 좋을 거예요. 미완성식탁은 폰티PONTI 제품을 사용하며 쉐프스푸드에서 구입 가능합니다.
허브	모든 허브 종류는 구매 후 최대한 빠르게 사용하는 것이 좋습니다. 미완성식탁에서는 로즈메리와 스피아민트를 사용합니다. 로즈메리는 물에 세 번 정도 헹군 다음 키친타월에 싸서 냉장 보관하세요. 화분으로 사서 키워 쓰는 재미도 쏠쏠하답니다.

미완성식탁의 5원칙

1
좋은 재료와 정확한 계량은 절대 거짓말을 하지 않는다.

2
생산 공정은 엄격하고 철저하게 관리하며,
모든 마카롱은 이틀 내 소진을 원칙으로 한다.

3
디저트는 한입의 행복.
절대 배가 불러서는 안 된다는 사명감으로 만든다.

4
신메뉴는 수십 번의 테스트를 거친 뒤
지속적으로 꾸준히 리스트업한다.

5
주방은 곧 얼굴이다.
청결한 작업 환경을 항상 유지한다.

마카롱이란?

입안에 넣으면 사르르 녹아 깔끔하게 마무리되는 한입의 행복, 마카롱.

마카롱^{macaron}은 '반죽을 치다'라는 뜻의 이탈리아어 마카레^{macare}에서 유래된 이름으로 머랭으로 만든 바삭하고 쫀득한 코크 사이에 가나슈, 버터크림 같은 필링을 채워 작고 동그란 샌드위치 모양으로 만든 프랑스의 대표적인 디저트입니다. 오늘날 우리가 아는 마카롱은 프랑스 파리에서 시작되었으며 현재 전 세계적으로 대중화된 디저트로 자리를 잡았습니다. 특히 한국은 동네마다 마카롱 숍, 공방이 있을 만큼 남녀노소를 불문하고 많은 이에게 골고루 인기 있는 트렌디한 디저트로 꼽힙니다.

현재 미완성식탁의 마카롱은 프랑스 정통 스타일의 마카롱을 기반으로 만듭니다. 바삭한 코크와 부드러운 가나슈 혹은 버터크림 및 잼으로 필링을 구성하지요.

차나 커피 같은 음료뿐만 아니라 와인, 위스키 등 술안주로도 잘 어울리니 다양한 페어링을 시도해 보세요. 레시피 끝에 종종 함께 먹을 때 맛있던 음료들을 적어두었으니 살펴보는 재미도 있을 거예요.

피에

필링

코크

마카롱
섭취
및 보관법

섭취   마카롱은 작업 후 바로 섭취하는 디저트가 아닙니다.
24시간 동안 밀폐 용기에 넣어 냉장 보관한 뒤 먹어야 합니다.
작업 후 꼭 참고해 주세요!

보관   남은 마카롱은 냉장실(0~4도 사이)에 넣어 보관하며,
냉동한 마카롱은 상온에서 5~10분간 두었다가 먹기를 추천합니다.

딱딱하게 구운 쿠키 위에 생크림을 올려 두면 금방 눅눅해지고, 쿠키의 형태가 무너지는 것을 본 경험이 있을 거예요.
마카롱도 같은 원리입니다. 코크에 가나슈가 닿는 순간부터 가나슈의 수분이 코크로 이동해 촉촉해지는데, 바로 만든 마카롱은 수분이 이동할 충분한 시간이 없어 코크와 가나슈가 따로 놀게 됩니다. 24시간 냉장 보관 후 먹으면 코크는 코크대로 알맞은 수분을 품고 가나슈와 함께 부드럽게 녹아내립니다.
마카롱은 냉동 상태에서 일주일간 보관 가능하며, 냉장 보관 시에는 2일 이내에 섭취하는 것이 좋습니다. 마카롱은 매일 식감이 변화하며, 온도가 너무 높아 가나슈가 완전히 녹으면 밖으로 흘러내리니 주의하세요.

미완성식탁
Q&A

출간 전 인스타그램 이벤트로 "미완성식탁 Q&A"를 진행했습니다. 단 하루 동안이었지만 정말 많은 분들이 참여해 주셨어요. 애정 어린 질문과 응원에 감사드리며 가장 많이 궁금해하는 질문들을 어렵게 골랐습니다. 마카롱을 만드는 모두가 반복되는 미완의 시간들을 즐길 수 있길 진심으로 바랍니다. 각자 생각하는 완성에 가까워질 수 있도록 계속 도와드릴게요.

Q1. **미완성식탁의 코크는 이탈리안 머랭과 프렌치 머랭 중 어느 것인가요?**

미완성식탁의 마카롱은 대량 생산에 적합한 이탈리안 머랭을 사용하고 있습니다. 당도가 조금 높지만 해외의 유명 디저트 숍 역시 대부분 이탈리안 머랭을 사용합니다. 건조 시간이 짧고, 머랭의 안정성도 보장된다는 장점이 있어요.

미완성식탁의 코크는 한 종류이므로 이 책에서도 이탈리안 머랭을 베이스로 한 기본 레시피 한 가지를 소개했습니다. 이것 역시 하나의 제안이며 집에서 만들 때는 만드는 사람이 원하는 방향으로 작업하는 것을 추천합니다. 어떤 머랭이 식감이 더 좋고, 더 잘 구워지는지 이론은 크게 중요하다고 생각하지 않아요. 코크는 좋은 아몬드파우더 하나만으로도 균형이 잘 잡히기 때문에 개인적으로는 코크보다 어떠한 필링을 쓰느냐가 더욱 중요하다고 생각합니다.

Q2. **피에를 크게 신경 쓰지 않는 이유가 있나요?**

피에는 입에서 사르르 없어지는 아주 작은 머랭 쿠키 부분입니다. 물론 피에가 예쁘면 좋겠지만, 코크의 형태는 작업자의 반죽 및 작업하는 공간의 온도와 습도로 아주 예민하게 변화합니다. 작업 환경을 가게와 똑같이 맞추기가 어려우므로, 집에서 만든다면 어느 정도는 감안해야 할 부분이라 생각합니다.

미완성식탁에서는 코크의 표현력보다 입안에서 맛을 내는 필링이 더 중요하다는 점을 강조하고 싶어요. 혀에 닿는 첫 순간, 입안에서 코크와 부서지면서 어떠한 향과 맛이 감도는지 판단하는 것에 중점을 두고 있습니다. 셰프의 의도와 생각도 그것에 다 녹아 있고요. 겉모습이 아무리 화려해도 필링이 겉돌거나 너무 과하다면 예쁘기만 한 디저트라고 생각해요. 그러니 맛에 집중하는 것이 장기적으로 더 좋지 않을까요?

Q3. 마카롱 40개를 만든다고 하면 총 시간은 얼마나 걸리나요?

레시피 하나 분량을 기준으로 마카롱 30~40개를 만든다고 하면 숙련자는 1~2시간 정도라 생각해 주세요. 가나슈가 굳는 시간도 필요하고, 코크를 말리는 시간도 필요하고, 준비하고 정리하는 시간도 필요하기 때문입니다!

많이 만들어 볼수록 시간은 더욱 단축되겠지요? 코크만 미리 구워 냉동실에 넣어 두었다가, 다음 날 가나슈를 만들어 짜기도 합니다. 모든 것을 하루에 끝내지 않아도 된다는 점이 마카롱의 매력이에요!

Q4. 코크가 자꾸 깨져요. 해결 방법은요?

마카로나주(42p 참고)를 너무 과하게 하면 코크 속이 비게 되고, 그 결과 코크 윗부분이 쉽게 깨지게 됩니다. 알맞은 반죽 질감이 될 때까지 적당한 마카로나주 과정이 필수이며 충분한 연습이 필요합니다. 너무 오래 구워도 코크가 딱딱해지니 시간 역시 잘 맞춰 놓고 구우세요.

최상의 코크 컨디션은 손으로 살짝 눌렀을 때 움푹 들어가는 것입니다. 너무 단단하면 가나슈를 스터핑하고 상온에서 10분간 두었다가 먹어 보세요. 보통 이 과정에서 코크에 수분이 스며들어 알맞게 촉촉해지는데, 버석버석하게 입안에서 코크와 가나슈가 따로 논다면 과감히 버리고 재작업을 추천합니다. 가슴은 쓰리지만 많이 버리고 많이 만들수록 자신이 가장 좋아하는 식감과 맛에 가까워질 거예요.

Q5. 초보자가 도전하기 가장 좋은 레시피와 비교적 난이도 높은 레시피가 궁금해요!

초보자는 가루류를 사용하는 레시피를 추천합니다. 처음부터 양질의 가루를 선택하면 기본 이상의 맛을 내는 데 문제가 없으며, 심지어 정말 맛있습니다. 간편하게 만들지만 정말 매력적이지요.

책에 나온 레시피 중 난이도가 가장 높은 마카롱은 올리브입니다. 올리브오일의 특성상 온도에 매우 예민하기 때문이에요. 심지어 작업하는 사람의 손이 조금만 따뜻해도 기름이 분리되는 현상이 나므로 저도 작업하면서 자주 애를 먹는 제품입니다. 심지어 마카롱의 대가 피에르 에르메의 작업 영상에서도 이 때문에 무척 예민해 보이는 모습을 본 적이

있답니다.

그래서 작업자는 내가 만지는 주재료의 속성을 잘 알아 둬야 합니다. 기름은 냉장고에만 넣어도 빨리 굳어 버리기 때문에 온도를 계속 관찰하며 냉장고에 잠시 넣었다 뺐다 하는 등 신경을 많이 써서 작업해야 합니다. 정말 많은 연습이 필요해요.

Q6. 메뉴에 대한 영감은 어디서 받으시나요? @katenykim

여행에서 먹어본 조합이나, 우연히 어떤 음식을 먹다가 곁들인 부재료에서 아이디어를 얻는 경우가 많습니다. 단순히 어떤 외형일 것이라는 짐작보다는, 식감과 맛의 느낌을 생각하는 것도 도움이 됩니다. 하나의 사물을 만나면 그것이 만들어지는 스토리를 생각합니다. 단면만 보지 않고 한 사물의 전체적인 외형부터 내부 디테일까지 보는 연습을 해보세요. 재료든 공정이든 그 안에는 수많은 스토리가 있다는 것을 잊지 않고 관찰하는 습관이 메뉴를 짤 때 도움이 많이 됩니다.

Q7. 왜 이름이 미완성식탁인가요? @3303_homemade

마카롱은 수없이 많은 실패와 반복으로 만들어집니다. 인생 역시 마찬가지입니다. 본래 쉽게 만족하지 못하는 성격이라, 완성을 위해 끝없이 노력한다는 생각으로 마카롱을 만들고 가게를 운영하는 저의 철학을 담았습니다. 그렇기 때문에 좌절할 필요 없이 끊임없는 반복으로 완성에 가까워질 수 있다고 생각해요. 가게 역시 저만 잘하고 손님이 없으면 소용이 없고, 손님이 많아도 제가 못하면 의미가 없습니다. 저와 손님들이 함께 만들어 가는 곳이라는 의미도 담고 있어요.

Q8. 이것만은 손님들이 알아줬으면 좋겠다는 사장님의 철학이 있나요?

@junsung2ya

디저트는 배부르면 안 된다. 곧 죽어도 멋있게 만들자. 양보다는 질이다.

Q9. 두 가지 재료가 같이 들어간 마카롱 재료 선택 시 가장 신경 쓰는 부분이 궁금합니다. @mxxd4luv

두 가지 재료가 혼합된 마카롱을 만들 때는 지방과 산을 동시에 표현하는 방식을 선호합니다. 지방은 묵직한 바디감을 선사하고, 산의 경쾌함이 무거운 지방을 중화시켜 맛의 밸런스를 맞춘다고 생각합니다. 책에 소개한 '레몬 말차 마카롱' 역시 레몬의 산뜻함과 묵직한 말차가 서로 중화되지요. '라임 로즈메리 마카롱' 또한 같은 원리라고 보면 됩니다.

Q10. 화제가 된 완두콩, 초당옥수수 마카롱뿐만 아니라 쑥, 인절미, 팥 바닐라 등 한국의 식재료를 마카롱으로 만든 계기와 표현하는 팁이 궁금해요. @i_am_dundun

동양적인 마카롱을 잘 표현했다는 피드백을 들으면 참 기분이 좋습니다. 그 팁은 어렸을 때의 추억을 떠올리는 것인데요. 제가 어렸을 적엔 이런 서양식 디저트 문화가 없었어요. 그럼 그때는 무엇을 먹으며 자랐을지 생각합니다. 쑥떡, 인절미, 팥죽 등이 다 모티브가 되었어요. 좋은 베이스(가나슈)에 이런저런 가루류를 섞어보다가 우연히 발견하기도 하고요. 특히 완두콩이나 초당옥수수처럼 원재료의 맛을 살리는 비결은 저온 조리와 재료를 아끼지 않는 것입니다.

0

Incompletetable
Basic

미완성식탁의 기본

Filling

필링

마카롱의 맛은 필링에서 결정됩니다. 필링에는 가나슈, 잼, 버터크림 등이 많이 쓰이는데, 미완성식탁의 필링은 초콜릿을 베이스로 한 '가나슈'를 기본으로 씁니다.

최고급 초콜릿과 주재료별 가장 본연의 맛을 내는 원재료를 사용해 보세요. 당연한 말이지만, 좋은 재료에서 최상의 밸런스가 이루어진다는 것을 명심하세요.

반죽 또는 필링을 짜기 전에 익혀 두면 좋은 짤주머니 사용법부터 반죽 또는 필링을 짜는 스킬인 '스터핑' 과정까지 상세하게 보여 드립니다. 마카롱을 처음 만들어 보는 분도 사진을 보며 천천히 따라 하면 전혀 어렵지 않을 거예요.

짤주머니 준비하기

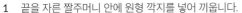

1 끝을 자른 짤주머니 안에 원형 깍지를 넣어 끼웁니다.

TIP 짤주머니 안에 넣는 원형 깍지의 크기는 지름 1cm 정도면 상관
없으며, 특정 크기가 수월한 경우 별도 표기하였어요.

2 손가락으로 깍지 위쪽 비닐을 안쪽으로 구겨 넣어 반죽
이 새지 않도록 밀착시킵니다.

3 계량컵처럼 속이 빈 용기에 짤주머니를 넣고 입구를 펼
친 뒤 바로 내용물을 담을 수 있도록 손을 넣어 공간을
만듭니다.

4 짤주머니에 내용물을 담고 스크래퍼로 밀어 정리합니다.

반죽 짜기·스터핑하기

INCOMPLETETABLE BASIC

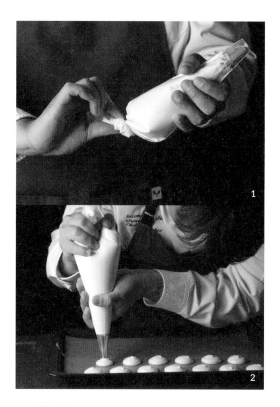

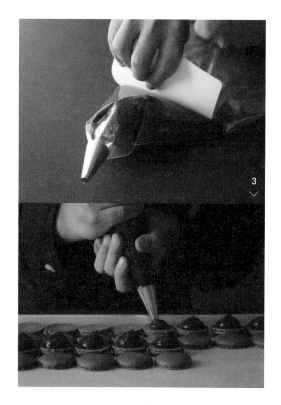

1 짤주머니를 들 때는 한 손으로 짤주머니 끝을 빙빙 돌려 내용물이 위로 빠져나오지 않게 잡고, 다른 한 손으로는 깍지 윗부분을 잡아 내용물을 받쳐 줍니다.

2 바닥으로부터 1cm 정도 간격을 띄운 뒤 짤주머니를 수직으로 잡고 일정한 힘으로 천천히 눌러 짭니다. 코크 반죽은 도안 바깥쪽 선에 맞춰 짭니다. 같은 방법으로 반복해서 한 팬을 모두 채워 짭니다.

3 코크 위에 가나슈를 스터핑할 때는 코크의 5/6 정도 채워지도록 짠 뒤 짤주머니를 한 번에 들어 올립니다. 같은 방법으로 반복해서 한 팬을 모두 채워 짭니다.

Coque

코크

코크는 머랭으로 만든 마카롱의 과자 부분이며 프랑스어로 '껍질'이라는 뜻입니다. 오븐 팬에 코크 반죽을 짰을 때 윗면은 도톰하고 납작한 구 모양이 되고, 아랫면은 평평하게 구워져 필링을 짜기에 알맞습니다. 코크 둘레의 자글자글한 부분은 피에^{Pied} 라고 합니다. 미완성식탁의 모든 마카롱 코크는 다음 페이지의 한 가지 레시피로 동일합니다. 맛을 결정하는 부분은 필링인 가나슈에서 결정되기 때문이에요. 색소를 자유롭게 활용해 자신만의 다양한 마카롱을 표현해 보세요. 마카로나주 과정은 많은 연습이 필요하므로 계속해서 시도해 보기를 권장합니다.

INGREDIENT

지름 3.3cm 코크 70개 분량

○ 달걀흰자A 55g
○ 달걀흰자B 55g
○ 물 38g
○ 아몬드파우더 150g
○ 분당 150g
○ 설탕 150g
○ 가니시용 코코아파우더 소량 (선택 사항)

PREP

- 오븐은 180도로 예열합니다.

- 가루류는 체에 내려 고운 상태로 만듭니다.

기본 코크 만들기

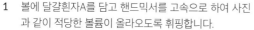

4 핸드믹서를 고속으로 하여 약 2분 30초간 휘핑합니다. 핸드믹서 날을 들었을 때 뾰족한 뿔이 생길 때까지 쫀쫀한 질감의 머랭을 만듭니다.

1 볼에 달걀흰자A를 담고 핸드믹서를 고속으로 하여 사진과 같이 적당한 볼륨이 올라오도록 휘핑합니다.

TIP 이때 바닥에 젖은 행주를 깔아야 볼이 흔들리지 않아요.

2 냄비에 물과 설탕을 담고 118도가 될 때까지 중간 불에서 끓입니다.

3 휘핑한 볼에 끓인 시럽을 천천히 붓습니다.

TIP 이때 너무 빠르게 넣으면 달걀흰자가 익으므로 천천히 넣으세요.

5   다른 볼에 아몬드파우더와 분당을 담은 뒤 달걀흰자B를
    붓고 탱글탱글한 페이스트 질감이 될 때까지 스패출러
    로 잘 섞습니다.

6   볼에 만들어 둔 머랭의 1/3을 붓고 스패출러로 볼 벽에
    반죽을 얇게 펴 바르듯 원을 그리며 섞다가, 반죽을 한데
    모아 주기를 반복하며 섞습니다.

TIP 이것이 흔히 말하는 '마카로나주' 작업입니다. 7번의 질감이 될
    때까지 같은 방법으로 계속 섞어 주세요. 코크에서 가장 중요한
    부분이니 인내심을 가지고 충분히 숙지할 때까지 수차례 연습해
    보길 추천합니다.

TIP 코크에 색을 내고 싶다면 이때
    색소를 함께 넣으세요.

7 볼에 나머지 머랭을 전부 붓고 뭉침 없이 부드러운 반죽이 될 때까지 6번과 같은 방법으로 반죽을 펴고 모으기를 반복해 섞습니다. 주걱으로 들어 올렸을 때 부드럽게 흘러내리는 질감이 되면 알맞습니다.

8 깍지를 끼워 둔 짤주머니에 반죽을 담고 스크래퍼로 밀어 정리합니다.

9 오븐 팬 위에 마카롱 패턴지와 테프론시트를 순서대로 깝니다.

10 한 손으로 짤주머니 끝을 돌려 반죽이 위로 빠져나오지 않게 잡고, 다른 한 손으로는 깍지 윗부분을 잡아 중심을 잡습니다.

NG 반죽이 툭툭 끊기며 덩어리로 무겁게 떨어지면 완성이 아니니 더 섞어 주세요.

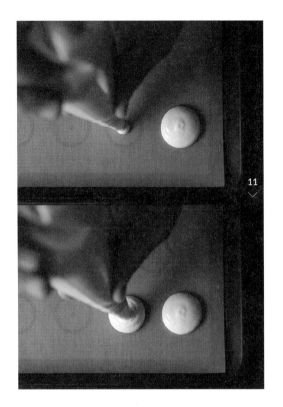

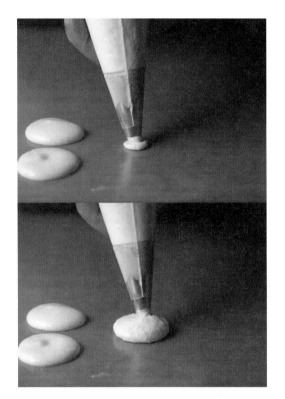

11 원 가운데에 짤주머니 끝을 1cm 정도 띄우고 팬과 수직
    이 된 상태에서 원의 바깥쪽 선까지 일정한 힘으로 천천
    히 눌러 짭니다.

옆에서 본 모습

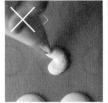
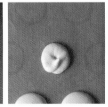

NG 짤주머니를 움직여 둘레를 빙 둘러 짜면 동그란 모양이 잘 나오지 않아요. 짜는
    위치를 가운데로 고정해야 하는 이유입니다.

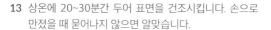

12 한 팬을 다 짠 뒤 반죽 속 기포를 제거하기 위해 팬 바닥을 손바닥으로 여러 번 가볍게 칩니다.

13 상온에 20~30분간 두어 표면을 건조시킵니다. 손으로 만졌을 때 묻어나지 않으면 알맞습니다.

14 코크 위에 가니시를 얹어 장식하고 싶다면 이때 추가합니다. 코코아파우더를 체에 담아서 뿌리거나, 찻잎을 조금씩 뿌려 장식합니다.

NG 건조가 안 된 반죽을 오븐에 넣으면 열을 이기지 못해 코크 표면이 갈라져요.

15 180도로 예열한 오븐에 마카롱을 넣고 온도를 160도
    로 낮춘 뒤 12분간 굽습니다.

16 다 구워진 마카롱은 식힘망에 올려 한 김 식힙니다.

17 식힌 코크는 앞뒤로 짝을 맞춰 팬에 일렬로 놓습니다.

TIP 사진은 맨손이나 가능한 한 라텍스 장갑을 끼고 작업하길 추천
     해요.

TIP 올리브나 발사믹 선드라이드 토
     마토 마카롱처럼 안에 주재료를
     넣는 경우 코크를 살짝 눌러 홈
     을 만들면 결합이 잘 됩니다.

INCOMPLETETABLE SAYS

- 굽는 시간은 스메그 오븐을 기준으로 적었습니다. 오븐의 영향으로 인하여 완성되는 시간이 조금씩 차이날 수 있으니 참고하세요.

- 미완성식탁의 마카롱은 모두 이 한 종류의 코크 레시피로 만들어집니다. 맛은 필링에서 결정돼요. 다양한 색소 배합과 가니시로 자신만의 코크를 만들어 보세요. 색소는 취향이기에 정해진 계량은 없지만, 미완성식탁의 색감을 재현하고 싶은 분들을 위해 레시피마다 표기했습니다.

투톤 코크 만들기

1 42p 5번 과정에서 원하는 색소를 티스푼으로 덜어 넣고 기본 코크와 동일한 방법으로 잘 섞어 마카로나주 합니다.

2 깍지를 끼워 둔 짤주머니에 반죽을 담고 스크래퍼로 밀어 정리합니다. 같은 방법으로 두 가지 색의 짤주머니를 준비합니다.

3 44p를 참고해 오븐 팬 위에 코크 반죽을 짜고 기본 코크와 동일한 방법으로 구운 뒤 앞뒤로 짝을 맞춰 놓습니다.

INCOMPLETETABLE SAYS

- 기본 레시피로 만든 짤주머니 1개당 코크 70개 즉, 마카롱 35개 분량이 나오므로, 투톤 마카롱의 경우 두 배인 약 70~80개 분량이 만들어집니다.

- 양이 많다고 하나의 반죽을 반으로 나눠 쓰는 소량 작업보다는 기본 레시피 배합으로 두 개의 반죽을 각각 만들어 쓰길 추천합니다. 마카롱 코크가 남는다면 버리지 말고 냉동 보관했다가 필요할 때 꺼내 쓰세요.

1

Incompletetable
Classic

미완성식탁 클래식

미완성식탁의 과거와 현재, 미래가 담긴 시그니처 마카롱

Dark Chocolate

다크초콜릿 마카롱

INGREDIENT

<u>35개 분량</u>

코크
- 달걀흰자A 55g
- 달걀흰자B 55g
- 물 38g
- 아몬드파우더 150g
- 분당 125g
- 코코아파우더 25g
- 설탕 150g
- 가니시용
  코코아파우더 소량

필링

다크초콜릿 가나슈
- 다크초콜릿 125g
- 버터 38g
- 유지방 35% 생크림
  125g

PREP
- 오븐은 180도로 예열합니다.
- 가루류는 체에 내려 고운 상태로 만듭니다.
- 버터는 상온에 두어 부드러운 상태로 준비합니다.
- 40p를 참고해 코크를 만들고 짝을 맞춰 팬에 놓습니다.

1 냄비에 생크림을 담은 뒤 가장자리가 끓어오를 때까지 중간 불에서 끓입니다.

2 볼에 다크초콜릿을 담고 전자레인지에 넣어 30초씩 두세 번 돌려서 완전히 녹입니다.

TIP 30초 돌린 뒤 꺼내 스패출러로 잘 섞어 줘야 골고루 녹아요.

3   녹인 초콜릿에 끓인 생크림을 두 번에 나눠 넣고 잘 섞
     어 부드러운 가나슈를 만듭니다.

4   높이가 긴 통에 가나슈를 옮겨 담고 핸드 블렌더로 20초
     간 유화될 때까지 잘 섞습니다.

5 버터를 넣고 다시 핸드 블렌더로 30초간 섞어 유화시킵
   니다. 사진 속 질감처럼 윤기가 흐르면 맞습니다.

6 완성된 가나슈는 깍지를 끼운 짤주머니에 옮겨 담고 스
   크래퍼로 정리해 바로 짤 준비를 합니다.

TIP 다크초콜릿은 카카오버터 성분으로 인해 바로 짜지 않으면 굳
    어서 질감이 울퉁불퉁해집니다.

7 앞뒤로 짝을 맞춰 둔 코크의 평평한 면에 가나슈를 스터
   핑합니다. 이때 깍지 위를 밸브처럼 잡아 가나슈 양을 조
   절하세요.

8 가나슈 표면을 살짝 말린 뒤 결합합니다.

9 완성한 마카롱은 밀폐 용기에 넣고 24시간 동안 냉장
   보관합니다.

다크초콜릿은 제가 처음으로 만들었던 마카롱입니다.

은사님의 레시피를 저만의 방법으로 조금 변경한 것인데, 헌정하는 마음으로 만든 레시피예요.

다크초콜릿의 특성을 그대로 살리면서도 깔끔하고 아름다운 외형까지 완성하기 위해 부단히 노력했어요.

가장 자신 있는 메뉴이자 은사님에게 "저 열심히 하고 있어요!"라고 말하는 영혼 같은 레시피입니다.

너무 달지 않은 달콤함과 은은하게 마무리되는 카카오가 매력적인 미완성식탁의 클래식입니다.

초절정 상큼함으로 마니아를 형성한 미완성식탁의 한 수

Soft Lemon

레몬 마카롱

INGREDIENT

35개 분량

코크

○ 달걀흰자A 55g
○ 달걀흰자B 55g
○ 물 38g
○ 아몬드파우더 150g
○ 분당 150g
○ 설탕 150g
○ 윌튼색소
　 Lemon Yellow 3g

필링

레몬 가나슈

○ 화이트초콜릿 250g
○ 버터 50g
○ 레몬즙 113g
○ 레몬제스트 5g

＊레몬즙을 브아롱의 레몬
퓌레로 대체해도 좋고, 레
몬제스트는 냉동 보관하면
장기간 사용할 수 있어요.

PREP

- 오븐은 180도로 예열합니다.

- 가루류는 체에 내려 고운 상태로
만듭니다.

- 버터는 상온에 두어 부드러운 상
태로 준비합니다.

- 레몬은 베이킹소다를 푼 뜨거운
물에 10초간 담갔다가 찬물로 헹
굽니다. 물기를 닦고 굵은 소금으
로 표면을 문질러 다시 찬물에 세
척한 뒤 그레이터로 노란색 껍질
부분만 갈아 씁니다.

- 40p를 참고해 코크를 만들고 짝을
맞춰 팬에 놓습니다.

1   냄비에 레몬즙과 레몬제스트를 넣고 센 불에서 바글바
    글 끓어오르면 불을 끕니다.

2   용기에 체를 올리고 끓인 레몬즙을 부어 레몬제스트를
    걸러 냅니다. 끓이면서 수분이 날아갔으므로 레몬즙을
    더 추가해 처음 용량인 113g을 맞춥니다.

3   볼에 화이트초콜릿을 담고 전자레인지에 넣어 30초씩
    두세 번 돌려서 완전히 녹입니다.

TIP   30초 돌린 뒤 꺼내 스패출러로 잘 섞어 줘야 골고루 녹아요.

4   녹인 초콜릿에 레몬즙을 넣고 스패출러로 잘 섞어 가나
    슈를 만듭니다.

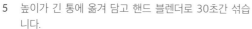

8 큰 깍지를 끼운 짤주머니에 가나슈를 옮겨 담고 스크래
퍼로 정리합니다.

9 앞뒤로 짝을 맞춰 둔 코크의 평평한 면에 가나슈를 스터
핑하고 가나슈 표면을 살짝 말린 뒤 결합합니다.

10 완성한 마카롱은 밀폐 용기에 넣고 24시간 동안 냉장
보관합니다.

5 높이가 긴 통에 옮겨 담고 핸드 블렌더로 30초간 섞습
니다.

TIP 초콜릿을 유화하는 과정인데, 이를 건너뛰고 바로 버터를 넣으
면 분리 현상이 일어나니 반드시 먼저 해 주세요.

6 버터를 넣고 형태가 없어질 때까지 핸드 블렌더로 섞어
유화시킵니다. 사진 속 질감이 되면 맞습니다.

7 완성된 가나슈는 트레이에 넓게 펼쳐 담고 랩을 씌워 공
기가 닿지 않게 한 뒤 냉장 보관 30분 또는 상온에서
1~2시간 정도 둡니다.

레몬 마카롱은 수분이 많아 입안 가득 풍부하게 녹아내리는 식감이 매력적입니다.
정말 부드러우면서도 임팩트가 강하고 깔끔한 마카롱을 만들고자 했습니다.
호가든 병맥주에 이 마카롱 하나면 무더위도 두렵지 않습니다.
이따금 고수를 같이 곁들여 보세요. 그 조화가 얼마나 청량한지 모르겠습니다.

언제 골라도 실패 없는 말차의 맛, 최상으로 표현하다

Matcha

말차 마카롱

INGREDIENT

<u>35개 분량</u>

코크

○ 달걀흰자A 55g

○ 달걀흰자B 55g

○ 물 38g

○ 아몬드파우더 150g

○ 분당 150g

○ 설탕 150g

○ 윌튼색소
  Moss Green 3g

필링

말차 가나슈

○ 화이트초콜릿 195g

○ 유지방 35% 생크림
  195g

○ 말차파우더 18g

PREP

- 오븐은 180도로 예열합니다.

- 가루류는 체에 내려 고운 상태로
  만듭니다.

- 40p를 참고해 코크를 만들고 짝을
  맞춰 팬에 놓습니다.

1 냄비에 생크림을 담은 뒤 가장자리가 끓어오를 때까지
중간 불에서 끓입니다.

2 볼에 화이트초콜릿을 담고 전자레인지에 넣어 30초씩
두세 번 돌려서 완전히 녹입니다.

TIP 30초 돌린 뒤 꺼내 스패출러로 잘 섞어 줘야 골고루 녹아요.

3 녹인 초콜릿에 말차파우더를 넣고 스패출러로 뭉친 부
분 없이 눌러 가며 잘 섞습니다.

TIP 가루 및 페이스트는 수분에 의하여 잘 뭉치므로 초콜릿에 미리
넣어 충분히 풀어 줘요.

4 끓인 생크림을 두 번에 나눠 넣고 스패출러로 다시 잘
섞어 부드러운 가나슈를 만듭니다.

5 높이가 긴 통에 가나슈를 옮기고 핸드 블렌더를 저속으
로 하여 30초~1분간 섞어 유화시킵니다. 사진 속 질감
이 되면 맞습니다.

6 완성된 가나슈는 트레이에 넓게 펼쳐 담고 랩을 씌워 공기가 닿지 않도록 한 뒤 1시간 냉장 보관 또는 2~3시간 상온에 둡니다.

TIP 이때 너무 차가우면 다 굳기 때문에 주의하세요.

7 작은 깍지를 끼운 짤주머니에 가나슈를 옮겨 담고 스크래퍼로 정리합니다.

8 앞뒤로 짝을 맞춰 둔 코크의 평평한 면에 가나슈를 스터핑하고 살짝 표면을 말린 뒤 결합합니다.

9 완성한 마카롱은 밀폐 용기에 넣고 24시간 동안 냉장 보관합니다.

세상에서 가장 우아한 향신료 바닐라가 혀끝에 녹아드는 황홀함

Vanilla

바닐라 마카롱

INGREDIENT	코크	필링	PREP
35개 분량	○ 달걀흰자A 55g	**바닐라 가나슈**	- 오븐은 180도로 예열합니다.
	○ 달걀흰자B 55g	○ 바닐라 빈 2줄기	- 가루류는 체에 내려 고운 상태로 만듭니다.
	○ 바닐라 빈 1/3줄기	○ 화이트초콜릿 224g	- 바닐라 빈 줄기는 세로로 한 번 칼 집을 낸 뒤 칼로 씨 부분을 긁어내 사용합니다.
	○ 물 38g	○ 유지방 35% 생크림 218g	
	○ 아몬드파우더 150g		
	○ 분당 150g		- 40p를 참고해 코크를 만들고 짝을 맞춰 팬에 놓습니다.
	○ 설탕 150g		

1 냄비에 생크림과 손질한 바닐라 빈 줄기를 넣어 살짝 김이 오르는 80도까지 끓입니다.

2 냄비째로 10분간 따뜻하게 두어 바닐라 빈이 잘 우러나도록 합니다.

3 볼에 화이트초콜릿을 담고 전자레인지에 넣어 30초씩 두세 번 돌려서 완전히 녹입니다.

TIP 30초 돌린 뒤 꺼내 스패출러로 잘 섞어 줘야 골고루 녹아요.

4 저울 위에 초콜릿 볼을 올리고 영점을 맞춥니다. 우려 둔 생크림을 체에 밭쳐 부어 바닐라 빈 껍질을 걸러 냅니다. 이때 생크림 무게가 218g이 되도록 하며 부족하면 생크림을 추가합니다.

5 스패출러로 잘 섞어 부드러운 가나슈를 만듭니다.

6 높이가 긴 통에 옮겨 담고 핸드 블렌더를 저속으로 하여 30초~1분간 섞어 유화시킵니다. 사진 속 질감이 되면 맞습니다.

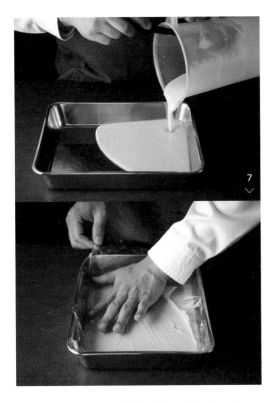

7 완성된 가나슈는 트레이에 넓게 펼쳐 담고 랩을 씌워 공기가 닿지 않도록 한 뒤 1시간 냉장 보관 또는 2~3시간 상온에 둡니다.

TIP 이때 너무 차가우면 다 굳기 때문에 주의하세요.

8 큰 깍지를 끼운 짤주머니에 가나슈를 옮겨 담고 스크래퍼로 정리합니다.

9 앞뒤로 짝을 맞춰 둔 코크 위에 가나슈를 스터핑하고 가니슈 표면을 살짝 말린 뒤 결합합니다.

10 완성한 마카롱은 밀폐 용기에 넣고 24시간 동안 냉장 보관합니다.

71

바닐라 빈이 먹음직스럽게 콕콕 박힌 모양이 눈길을 끄는 마카롱입니다.
우리는 바닐라가 다 비슷한 바닐라지 뭐, 하고 콧방귀를 뀌기도 하는데요.
사실은 이 책에 등장하는 재료 중 가장 고가라는 사실!
저는 페이스트리 숍에 가면 가장 먼저 먹어 보는 것이 언제나 바닐라 메뉴입니다.
바닐라 맛 디저트는 단순히 당도가 높은 디저트가 아닙니다.
이 바닐라 빈의 고급스러움을 얼마나 잘 살려서 깔끔하게 마무리했는지가 관건이에요.
가끔 그런 곳을 만나면 그렇게 반가울 수가 없습니다.
그만큼 오랜 시간 동안 사랑받아 온 메뉴이기도 하니 꼭 도전해 보길 바랍니다.

단짠단짠 계속해서 생각나는 마성의 소금 캐러멜

Salt Caramel

소금 캐러멜 마카롱

INGREDIENT

35개 분량

코크

○ 달걀흰자A 55g
○ 달걀흰자B 55g
○ 물 38g
○ 아몬드파우더 150g
○ 분당 150g
○ 설탕 150g
○ 윌튼색소 Brown 3g

필링

소금 캐러멜 가나슈

○ 화이트초콜릿 208g
○ 유지방 35% 생크림 237g
○ 판젤라틴 1장
○ 설탕 82g
○ 천일염 3g

PREP

- 오븐은 180도로 예열합니다.

- 가루류는 체에 내려 고운 상태로 만듭니다.

- 40p를 참고해 코크를 만들고 짝을 맞춰 팬에 놓습니다.

- 판젤라틴은 얼음물에 10분간 담 가 불립니다.

1 동냄비에 설탕 1/3 분량을 넣고 센 불에서 녹입니다. 설탕이 살짝 녹으면 나머지 설탕을 넣고 스패출러로 저으며 천천히 녹입니다.

TIP 설탕을 나눠 넣어야 골고루 녹는지 쉽게 파악할 수 있어요.

2 내열 용기에 생크림과 소금을 담고 잘 섞은 뒤 전자레인지에 넣어 2분간 돌려 뜨겁게 만듭니다.

3 동냄비에서 연기가 피어오르고 황금색으로 변한 설탕 가장자리가 바글바글 끓기 시작하면 뜨거운 생크림을 두세 번에 나눠 붓습니다.

TIP 위험주의! 생크림을 한 번에 다 부으면 끓어 넘칠 수 있으니 여러 번 조금씩 나눠 넣어요.

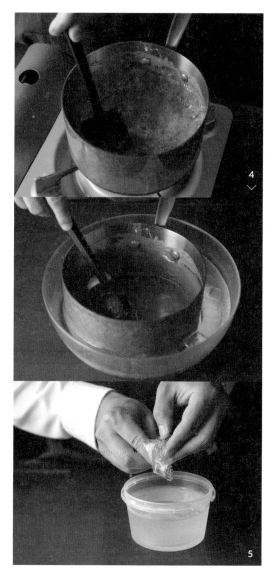

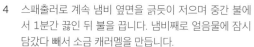

4 스패출러로 계속 냄비 옆면을 긁듯이 저으며 중간 불에서 1분간 끓인 뒤 불을 끕니다. 냄비째로 얼음물에 잠시 담갔다 빼서 소금 캐러멜을 만듭니다.

5 불려둔 젤라틴을 손으로 꼭 짜서 물기를 제거합니다.

6 소금 캐러멜에 젤라틴을 넣고 스패출러로 잘 섞어 완전히 녹입니다.

7 볼에 화이트초콜릿을 담고 전자레인지에 넣어 30초씩 두세 번 돌려서 완전히 녹입니다.

TIP 30초 돌린 뒤 꺼내 스패출러로 잘 섞어 줘야 골고루 녹아요.

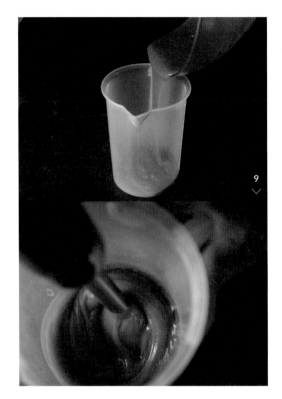

8 녹인 초콜릿에 소금 캐러멜을 두 번에 나눠 붓고 스패출러로 잘 섞어 가나슈를 만듭니다. 주걱을 들어 올렸을 때 계단 모양처럼 흘러내리면 알맞습니다.

9 높이가 긴 통에 옮겨 담고 핸드 블렌더로 30초간 섞어 마요네즈 같은 질감이 될 때까지 유화시킵니다.

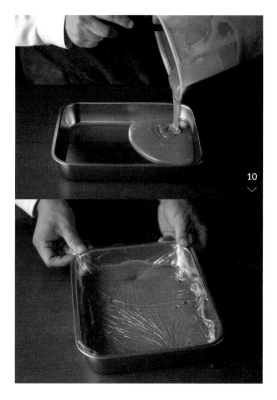

10 완성된 가나슈는 트레이에 넓게 펼쳐 담고 랩을 씌워 공기가 닿지 않도록 한 뒤 1시간 냉장 보관 또는 2~3시간 상온에 둡니다.

TIP 이때 너무 차가우면 다 굳기 때문에 주의하세요.

11 큰 깍지를 끼운 짤주머니에 가나슈를 옮겨 담고 스크래퍼로 정리합니다.

12 앞뒤로 짝을 맞춰 둔 코크의 평평한 면에 가나슈를 스터핑하고 가나슈 표면을 살짝 말린 뒤 결합합니다.

13 완성한 마카롱은 밀폐 용기에 넣고 24시간 동안 냉장 보관합니다.

INCOMPLETETABLE SAYS

- 동냄비를 사용할 때는 강한 열로 인한 화상에 특히 주의하세요!

- 온도에 따라 결과물이 달라지므로 반드시 레시피대로 작업하길 바랍니다.

- 동냄비는 열 보존 능력이 뛰어나 온도가 잘 떨어지지 않아서 캐러멜 작업할 때 필수 도구입니다. 생크림을 뜨겁게 해서 쓰는 이유는 캐러멜에 차가운 생크림을 넣게 되면 캐러멜 속 설탕이 결정으로 굳어 버리기 때문이에요.

- 미완성식탁에서는 프랑스 게랑드 토판 천일염을 사용합니다. 세상에는 수십 가지의 소금이 있으니, 소금의 종류에 대해 공부해 보고 자신의 입맛에 맞는 것으로 선택하길 바랍니다.

한국의 허브, 쑥을 활용한 고소 쌉싸래한 마카롱

Mugwort

쑥 마카롱

INGREDIENT	코크	필링	PREP
35개 분량	○ 달걀흰자A 55g	쑥 가나슈	- 오븐은 180도로 예열합니다.
	○ 달걀흰자B 55g	○ 화이트초콜릿 195g	- 가루류는 체에 내려 고운 상태로
	○ 물 38g	○ 유지방 35% 생크림	만듭니다.
	○ 아몬드파우더 150g	195g	- 40p를 참고해 코크를 만들고 짝을
	○ 분당 150g	○ 쑥파우더 18g	맞춰 팬에 놓습니다.
	○ 설탕 150g		
	○ 윌튼색소 Black 2g, Moss Green 1g		

1 냄비에 생크림을 담은 뒤 가장자리가 끓어오를 때까지 중간 불에서 끓입니다.

2 볼에 화이트초콜릿을 담고 전자레인지에 넣어 30초씩 두세 번 돌려서 완전히 녹입니다.

TIP 30초 돌린 뒤 꺼내 스패출러로 잘 섞어 줘야 골고루 녹아요.

3 녹인 초콜릿에 쑥파우더를 넣고 스패출러로 으깨듯이 잘 섞습니다.

TIP 가루 및 페이스트는 수분에 의하여 뭉치는 현상이 생기므로 초콜릿에 미리 풀어 줍니다.

4 끓인 생크림을 두 번에 나눠 넣고 잘 섞어 부드러운 가나슈를 만듭니다.

5   높이가 긴 통에 옮겨 담고 핸드 블렌더를 저속으로 하여 30~40초간 섞어 유화시킵니다. 사진 속 질감이 되면 맞습니다.

6   완성된 가나슈는 트레이에 넓게 펼쳐 담고 랩을 씌워 공기가 닿지 않도록 한 뒤 1시간 냉장 보관 또는 2~3시간 상온에 둡니다.

TIP 이때 너무 차가우면 다 굳기 때문에 주의하세요.

7   깍지를 끼운 짤주머니에 가나슈를 옮겨 담고 스크래퍼로 정리합니다.

8   앞뒤로 짝을 맞춰 둔 코크의 평평한 면에 가나슈를 스터핑하고 가나슈 표면을 살짝 말린 뒤 결합합니다.

9   완성한 마카롱은 밀폐 용기에 넣고 24시간 동안 냉장 보관합니다.

언젠가부터 국내 베이커리 시장에서
쑥은 대중적이고도 트렌디한 주재료로 자리를 잡았습니다.
미완성식탁을 좋아하는 부모님과 어르신들이 많다는 이야기를
종종 전해 들을 때마다 생각나는 마카롱입니다.
쑥 마카롱이 계속 사랑받는 클래식 메뉴가 될 수 있었던 이유이기도 하고요.
단맛을 싫어하는 분들에게도 인기 있는 메뉴이면서
한국적인 맛으로 편안하게 즐길 수 있습니다.

베르가모트의 향연으로 매력 넘치는 향기로운 마카롱

Earl Grey

얼그레이 마카롱

INGREDIENT

<u>35개 분량</u>

코크

○ 달걀흰자A 55g
○ 달걀흰자B 55g
○ 물 38g
○ 아몬드파우더 150g
○ 분당 150g
○ 설탕 150g
○ 가니시용 얼그레이 찻잎 약간
○ 윌튼색소 Red Red 3g, Golden Yellow 1g

필링

얼그레이 가나슈

○ 밀크초콜릿* 216g
○ 버터 38g
○ 유지방 35% 생크림 237g
○ 얼그레이 찻잎 15g

* 발로나 지바라라테 밀크 초콜릿을 기준으로 한 양입니다. 찻잎은 좋아하는 브랜드로 쓰세요.

PREP

- 오븐은 180도로 예열합니다.

- 가루류는 체에 내려 고운 상태로 만듭니다.

- 버터는 상온에 두어 부드러운 상태로 준비합니다.

- 40p를 참고해 코크를 만들고 짝을 맞춰 팬에 놓습니다.

1 냄비에 생크림을 넣어 살짝 김이 오르는 80도까지 끓인 뒤 얼그레이 찻잎을 넣습니다.

2 냄비째로 10분간 따뜻하게 두어 찻잎이 잘 우러나게 합니다.

3 볼에 밀크초콜릿을 담고 전자레인지에 넣어 30초씩 두세 번 돌려서 완전히 녹입니다.

TIP 30초 돌린 뒤 꺼내 스패출러로 잘 섞어 줘야 잘 녹아요.

4 저울 위에 초콜릿 볼을 올리고 영점을 맞춥니다. 우려 둔 생크림을 체에 밭쳐 부어 찻잎을 걸러 냅니다. 이때 생크림 무게가 237g이 되도록 하며 부족하면 생크림을 추가합니다.

5 스패출러로 잘 섞어 부드러운 가나슈를 만듭니다.

6 높이가 긴 통에 옮겨 담고 버터를 넣은 뒤 핸드 블렌더를 저속으로 하여 30초~1분간 섞어 유화시킵니다. 사진 속 질감이 되면 맞습니다.

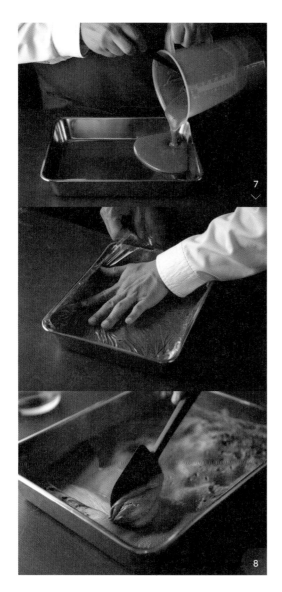

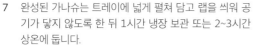

9 앞뒤로 짝을 맞춰 둔 코크의 평평한 면에 가나슈를 스터 핑하고 가나슈 표면을 살짝 말린 뒤 결합합니다.

10 완성한 마카롱은 밀폐 용기에 넣고 24시간 동안 냉장 보관합니다.

7 완성된 가나슈는 트레이에 넓게 펼쳐 담고 랩을 씌워 공 기가 닿지 않도록 한 뒤 1시간 냉장 보관 또는 2~3시간 상온에 둡니다.

TIP 이때 너무 차가우면 다 굳기 때문에 주의하세요.

8 스패츌러를 이용해 큰 깍지를 끼운 짤주머니에 가나슈를 옮겨 담고 스크래퍼로 정리합니다.

INCOMPLETETABLE SAYS

- 찻잎은 자칫하면 느끼한 맛이 올라오기 때문에 달 콤한 밀크초콜릿을 사용하여 마무리했습니다. 얼그 레이가 가진 베르가모트의 시원한 향으로 향긋한 밀크티 같은 맛을 연출해 보세요.

개운하면서도 기분 좋게 피어오르는 재스민 향기

Jasmine

재스민 마카롱

INGREDIENT	코크	필링	PREP
<u>35개 분량</u>	○ 달걀흰자A 55g	**재스민 가나슈**	- 오븐은 180도로 예열합니다.
	○ 달걀흰자B 55g	○ 화이트초콜릿 208g	- 가루류는 체에 내려 고운 상태로
	○ 물 38g	○ 유지방 35% 생크림	만듭니다.
	○ 아몬드파우더 150g	234g	- 40p를 참고해 코크를 만들고 짝을
	○ 분당 150g	○ 재스민 찻잎 15g	맞춰 팬에 놓습니다.
	○ 설탕 150g		
	○ 가니시용 재스민 찻잎 약간		
	○ 윌튼색소 White 4g		

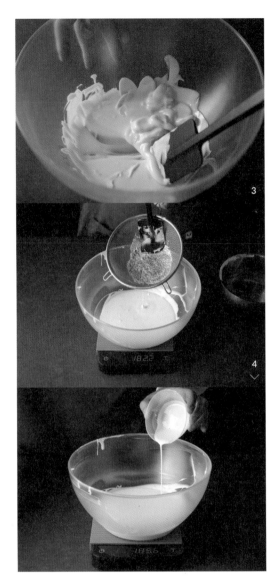

1 냄비에 생크림과 재스민 찻잎을 넣어 살짝 김이 오르는 80도까지 끓입니다.

2 냄비째로 10분간 따뜻하게 두어 찻잎이 잘 우러나게 합니다.

3 볼에 화이트초콜릿을 담고 전자레인지에 넣어 30초씩 두세 번 돌려서 완전히 녹입니다.

TIP 30초 돌린 뒤 꺼내 스패츌러로 잘 섞어 줘야 골고루 녹아요.

4 저울 위에 초콜릿 볼을 올리고 영점을 맞춥니다. 우려 둔 생크림을 체에 밭쳐 부어 찻잎을 걸러 냅니다. 이때 생크림 무게가 234g이 되도록 하며 부족하면 생크림을 추가합니다.

5 스패출러로 잘 섞어 부드러운 가나슈를 만듭니다.

6 높이가 긴 통에 옮겨 담고 핸드 블렌더를 저속으로 하여 30~40초간 섞어 유화시킵니다. 사진 속 질감이 되면 맞습니다.

7 완성된 가나슈는 트레이에 넓게 펼쳐 담고 랩을 씌워 공기가 닿지 않도록 한 뒤 1시간 냉장 보관 또는 2~3시간 상온에 둡니다.

TIP 이때 너무 차가우면 다 굳기 때문에 주의하세요.

8 깍지를 끼운 짤주머니에 가나슈를 옮겨 담고 스크래퍼로 정리합니다.

9 앞뒤로 짝을 맞춰 둔 코크의 평평한 면에 가나슈를 스터핑하고 가나슈 표면을 살짝 말린 뒤 결합합니다.

10 완성한 마카롱은 밀폐 용기에 넣고 24시간 동안 냉장 보관합니다.

상큼한 패션프루트와 달콤한 밀크초콜릿이 만들어 내는 중후한 맛

Passion Fruit

패션프루트 마카롱

INGREDIENT

35개 분량

코크

○ 달걀흰자A 55g
○ 달걀흰자B 55g
○ 물 38g
○ 아몬드파우더 150g
○ 분당 150g
○ 설탕 150g
○ 가니시용
　코코아파우더 약간
○ 윌튼색소
　Golden Yellow 3g

필링

패션프루트 가나슈

○ 밀크초콜릿 250g
○ 패션프루트 퓌레
　113g
○ 버터 44g

PREP

- 오븐은 180도로 예열합니다.

- 가루류는 체에 내려 고운 상태로
　만듭니다.

- 버터는 상온에 두어 부드러운 상
　태로 준비합니다.

- 40p를 참고해 코크를 만들고 짝을
　맞춰 팬에 놓습니다.

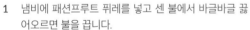

1   냄비에 패션프루트 퓌레를 넣고 센 불에서 바글바글 끓
    어오르면 불을 끕니다.

2   볼에 밀크초콜릿을 담고 전자레인지에 넣어 30초씩 두
    세 번 돌려서 완전히 녹입니다.

TIP 30초 돌린 뒤 꺼내 스패출러로 잘 섞어 줘야 골고루 녹아요.

3   저울 위에 초콜릿 볼을 올리고 영점을 맞춘 뒤 끓인 패
    션프루트 퓌레를 넣습니다. 이때 퓌레 무게가 113g이
    되도록 하며 부족하면 퓌레를 추가합니다.

4   스패출러로 잘 섞어 부드러운 가나슈를 만듭니다.

5   높이가 긴 통에 옮겨 담고 핸드 블렌더를 저속으로 하여
    20초간 가볍게 섞습니다.

TIP 초콜릿을 유화하는 과정인데, 이 과정을 건너뛰고 바로 버터를
    넣으면 분리 현상이 일어나니 반드시 먼저 해 주세요.

6   버터를 넣고 형태가 없어질 때까지 핸드 블렌더로 섞어
    유화시킵니다. 사진 속 질감이 되면 맞습니다.

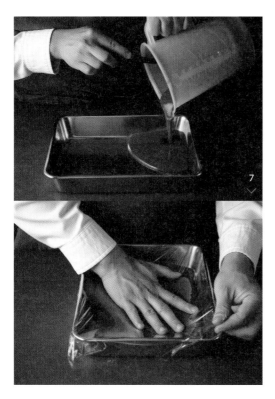

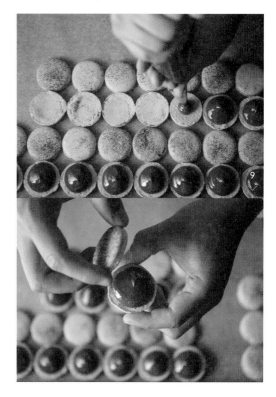

7 완성된 가나슈는 트레이에 넓게 펼쳐 담고 랩을 씌워 공기가 닿지 않게 한 뒤 상온에서 1~2시간 정도 둡니다.

8 깍지를 끼운 짤주머니에 가나슈를 옮겨 담고 스크래퍼로 정리합니다.

9 앞뒤로 짝을 맞춰 둔 코크의 평평한 면에 가나슈를 스터핑하고 가나슈 표면을 살짝 말린 뒤 결합합니다.

10 완성한 마카롱은 밀폐 용기에 넣고 24시간 동안 냉장 보관합니다.

어쩌면 영원할 미완성식탁의 스테디셀러

Pistachio

피스타치오 마카롱

INGREDIENT

35개 분량

코크

○ 달걀흰자A 55g
○ 달걀흰자B 55g
○ 아몬드파우더 150g
○ 분당 150g
○ 설탕 150g
○ 물 38g
○ 윌튼색소
　Moss Green 2g

필링

피스타치오 가나슈

○ 화이트초콜릿 169g
○ 피스타치오 페이스트
　56g
○ 유지방 35% 생크림
　186g

구운 피스타치오

○ 껍질이 없는 홀
　피스타치오 50g
○ 올리브오일 1큰술
○ 소금 약간

PREP

- 오븐은 180도로 예열합니다.

- 가루류는 체에 내려 고운 상태로
  만듭니다.

- 피스타치오에 올리브오일을 살짝
  묻히고 소금을 뿌린 뒤 120도로
  예열한 오븐에서 25분간 굽고 꺼
  내어 상온에서 1시간 둡니다.*

- 40p를 참고해 코크를 만들고 짝을
  맞춰 팬에 놓습니다.

* 1시간 두었을 때 맛과 식감이 가장
  좋아요.

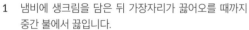

3   녹인 초콜릿에 피스타치오 페이스트를 넣어 완전히 섞습니다.

TIP   페이스트 및 가루류는 생크림 같은 수분과 만나면 잘 뭉치는데, 초콜릿에 먼저 섞어 두면 뭉치지 않아 훨씬 편해져요.

1   냄비에 생크림을 담은 뒤 가장자리가 끓어오를 때까지 중간 불에서 끓입니다.

2   볼에 화이트초콜릿을 담고 전자레인지에 넣어 30초씩 두세 번 돌려서 완전히 녹입니다.

TIP   30초 돌린 뒤 꺼내 스패출러로 잘 섞어 줘야 골고루 녹아요.

4   끓인 생크림을 두 번에 나눠 넣고 잘 섞어 부드러운 가나
슈를 만듭니다.

5   높이가 긴 통에 가나슈를 옮겨 담고 핸드 블렌더로 기포
가 없는 마요네즈 질감이 될 때까지 섞어 유화시킵니다.
사진 속 질감이 되면 맞습니다.

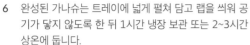

6 완성된 가나슈는 트레이에 넓게 펼쳐 담고 랩을 씌워 공기가 닿지 않도록 한 뒤 1시간 냉장 보관 또는 2~3시간 상온에 둡니다.

TIP 이때 너무 찬 곳에 두면 다 굳기 때문에 주의하세요.

7 깍지를 끼운 짤주머니에 가나슈를 옮겨 담고 스크래퍼로 정리합니다.

8 앞뒤로 짝을 맞춰 둔 코크의 평평한 면에 가나슈를 스터핑하고 피스타치오를 하나씩 올린 뒤 결합합니다.

TIP 피스타치오가 커서 결합이 힘들다면 코크 안쪽을 손으로 살짝 눌러 오목하게 만들고 결합해 보세요.

9 완성한 마카롱은 밀폐 용기에 넣고 24시간 동안 냉장 보관합니다.

시칠리아산 피스타치오를 고집하는 이유는 단 하나, 비교 불가능한 맛 때문입니다.

여행을 다닐 때면 이탈리아의 헤이즐넛과 피스타치오, 프랑스에서 나오는 과일, 스페인의 아몬드 종류들은 꼭 먹어 보곤 했습니다. 유럽의 견과류는 최상의 맛이 납니다. 입안에 퍼지는 무겁고 진한 견과류의 향연을 시간이 지난 지금도 잊지 못해 이 마카롱을 만들며 여운을 즐기곤 합니다.

2

Incompletetable
Season

계절의 미완성식탁

계절의 미완성식탁

SPRING

다크초콜릿의 특별한 단맛과 풍부한 바닐라의 향을 한 번에 느끼고 싶다면

Dark Chocolate Vanilla

다크초콜릿 바닐라 마카롱

INGREDIENT

35개 분량

코크

○ 달걀흰자A 55g
○ 달걀흰자B 55g
○ 물 38g
○ 아몬드파우더 150g
○ 분당 150g
○ 설탕 150g
○ 가니시용
　코코아파우더 약간

필링

다크초콜릿 바닐라 가나슈

○ 다크초콜릿* 80g
○ 밀크초콜릿* 128g
○ 버터 35g
○ 유지방 35% 생크림 200g
○ 바닐라 빈 2줄기

* 다크초콜릿은 발로나 엑스트라비터, 밀크초콜릿은 발로나 지바라 라테 기준입니다.

PREP

- 오븐은 180도로 예열합니다.

- 가루류는 체에 내려 고운 상태로 만듭니다.

- 버터는 상온에 두어 부드러운 상태로 준비합니다.

- 40p를 참고해 코크를 만들고 짝을 맞춰 팬에 놓습니다.

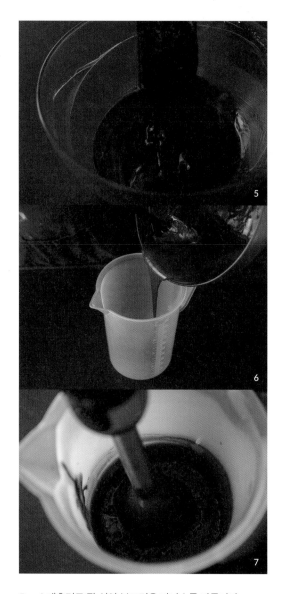

1   냄비에 생크림과 손질한 바닐라 빈 줄기를 넣어 80도까
    지 끓입니다.

2   냄비째로 10분간 따뜻하게 두어 바닐라 빈이 잘 우러나
    도록 합니다.

3   볼에 다크초콜릿과 밀크초콜릿을 담고 전자레인지에 넣
    어 30초씩 두세 번 돌려서 완전히 녹입니다.

TIP   30초 돌린 뒤 꺼내 스패출러로 잘 섞어 줘야 골고루 녹아요.

4   저울 위에 초콜릿 볼을 올리고 영점을 맞춥니다. 우려 둔
    생크림을 체에 밭쳐 부어 바닐라 빈 껍질을 걸러 냅니다.
    이때 생크림 무게가 200g이 되도록 하며 부족하면 생크
    림을 추가합니다.

5   스패출러로 잘 섞어 부드러운 가나슈를 만듭니다.

6   높이가 긴 통에 가나슈를 옮겨 담고 핸드 블렌더를 저속
    으로 하여 20초간 섞습니다.

7   버터를 넣고 형태가 없어질 때까지 30초간 핸드 블렌더
    로 섞어 유화시킵니다. 사진 속 질감이 되면 맞습니다.

8 완성된 가나슈는 트레이에 넓게 펼쳐 담고 랩을 씌워 공기가 닿지 않도록 한 뒤 1시간 냉장 보관 또는 2~3시간 상온에 둡니다.

TIP 이때 너무 차가우면 다 굳기 때문에 주의하세요.

9 큰 깍지를 끼운 짤주머니에 가나슈를 옮겨 담고 스크래퍼로 정리합니다.

10 앞뒤로 짝을 맞춰 둔 코크의 평평한 면에 가나슈를 천천히 짜고 살짝 표면을 말린 뒤 결합합니다.

11 완성한 마카롱은 밀폐 용기에 넣고 24시간 동안 냉장 보관합니다.

INCOMPLETETABLE SAYS

- 앞선 클래식 레시피의 바닐라 마카롱에서 조금 더 묵직한 바닐라의 향을 느끼고 싶어 하는 사람들을 위해 만든 메뉴입니다.

- 가벼운 위스키 한잔 또는 레드 와인과 함께 먹으면 더욱 맛있습니다.

사랑스러운 계절, 봄에 어울리는 향긋한 얼그레이와 상큼한 딸기의 만남

Strawberry Earl Grey

딸기 얼그레이 마카롱

INGREDIENT

<u>35개 분량</u>

코크

○ 달걀흰자A 55g
○ 달걀흰자B 55g
○ 물 38g
○ 아몬드파우더 150g
○ 분당 150g
○ 설탕 150g
○ 가니시용 얼그레이 찻잎 약간
○ 윌튼색소 Red Red 3g

필링

딸기 얼그레이 가나슈

○ 딸기초콜릿* 208g
○ 유지방 35% 생크림 234g
○ 얼그레이 찻잎 14g

* 발로나 인스피레이션 딸기초콜릿을 사용하길 추천합니다.

PREP

- 오븐은 180도로 예열합니다.

- 가루류는 체에 내려 고운 상태로 만듭니다.

- 40p를 참고해 코크를 만들고 짝을 맞춰 팬에 놓습니다.

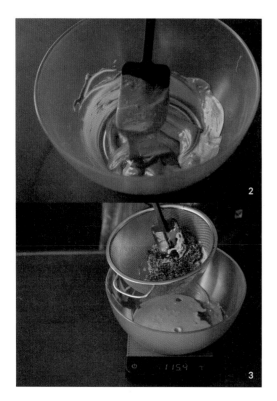

1 냄비에 생크림과 얼그레이 찻잎을 넣어 살짝 김이 오르는 80도까지 끓인 뒤 10분간 따뜻하게 두어 우려냅니다.

2 볼에 딸기초콜릿을 담고 전자레인지에 넣어 30초씩 두세 번 돌려서 완전히 녹입니다.

TIP 30초 돌린 뒤 꺼내 스패출러로 잘 섞어 줘야 골고루 녹아요.

3 저울 위에 초콜릿 볼을 올리고 영점을 맞춥니다. 우려 둔 생크림을 체에 밭쳐 부어 찻잎을 걸러 냅니다. 이때 생크림 무게가 234g이 되도록 하며 부족하면 생크림을 추가합니다.

4 스패출러로 잘 섞어 부드러운 가나슈를 만듭니다.

TIP 다른 초콜릿과 달리 분리가 심하니 유화 전 충분히 섞어 주세요.

5 높이가 긴 통에 가나슈를 옮겨 담고 핸드 블렌더를 저속으로 하여 30초간 섞어 유화시킵니다. 사진 속 질감이 되면 맞습니다.

114

6 완성된 가나슈는 트레이에 넓게 펼쳐 담고 랩을 씌워 공기가 닿지 않도록 한 뒤 1시간 냉장 보관 또는 2~3시간 상온에 둡니다.

TIP 이때 너무 차가우면 다 굳기 때문에 주의하세요.

7 깍지를 끼운 짤주머니에 가나슈를 옮겨 담고 스크래퍼로 정리합니다.

8 앞뒤로 짝을 맞춰 둔 코크의 평평한 면에 가나슈를 스터핑하고 가나슈 표면을 살짝 말린 뒤 결합합니다.

9 완성한 마카롱은 밀폐 용기에 넣고 24시간 동안 냉장 보관합니다.

은은한 레몬의 향과 씁쓸한 말차의 절제된 만남

Lemon Matcha

레몬 말차 마카롱

INGREDIENT 70개 분량

코크 1

○ 달걀흰자A 55g
○ 달걀흰자B 55g
○ 물 38g
○ 아몬드파우더 150g
○ 분당 150g
○ 설탕 150g
○ 윌튼색소
　　Lemon Yellow 3g

코크 2

○ 달걀흰자A 55g
○ 달걀흰자B 55g
○ 물 38g
○ 아몬드파우더 150g
○ 분당 150g
○ 설탕 150g
○ 윌튼색소
　　Moss Green 3g

필링

레몬 말차 가나슈

○ 화이트초콜릿 390g
○ 유지방 35% 생크림 390g
○ 말차파우더 32g
○ 레몬제스트 15g

PREP

- 오븐은 180도로 예열합니다.

- 가루류는 체에 내려 고운 상태로 만듭니다.

- 레몬은 베이킹소다를 푼 뜨거운 물에 10초간 담갔다가 찬물로 헹굽니다. 물기를 닦고 굵은 소금으로 표면을 문질러 다시 찬물에 세척한 뒤 그레이터로 노란색 껍질 부분만 갈아 씁니다.

- 48p를 참고해 투톤 코크를 만들고 짝을 맞춰 팬에 놓습니다.

1 냄비에 생크림을 넣어 살짝 김이 오르는 80도까지 끓인 뒤 레몬제스트를 넣고 10분간 따뜻하게 두어 우려냅니다.

2 볼에 화이트초콜릿을 담고 전자레인지에 넣어 30초씩 두세 번 돌려서 완전히 녹입니다.

TIP 30초 돌린 뒤 꺼내 스패출러로 잘 섞어 줘야 골고루 녹아요.

3 녹인 초콜릿에 말차파우더를 넣고 스패출러로 뭉친 부분 없이 눌러 가며 잘 섞습니다.

TIP 가루 및 페이스트는 수분 때문에 잘 뭉치므로 초콜릿에 미리 넣어 충분히 풀어 줘요.

4 저울 위에 초콜릿 볼을 올리고 영점을 맞춥니다. 우려 둔 생크림을 체에 밭쳐 부어 레몬제스트를 걸러 냅니다. 이때 생크림 무게가 390g이 되도록 하며 부족하면 생크림을 추가합니다.

5 스패출러로 잘 섞어 부드러운 가나슈를 만듭니다.

6   높이가 긴 통에 가나슈를 옮겨 담고 핸드 블렌더를 저속
으로 하여 20초간 섞습니다.

TIP 이 과정을 건너뛰고 버터를 넣으면 분리 현상이 일어나니 주의
하세요!

7   버터를 넣고 형태가 없어질 때까지 핸드 블렌더로 30초
간 섞어 유화시킵니다. 사진 속 질감이 되면 맞습니다.

8   완성된 가나슈는 트레이에 넓게 펼쳐 담고 랩을 씌워 공
기가 닿지 않도록 한 뒤 1시간 냉장 보관 또는 2~3시간
상온에 둡니다.

TIP 이때 너무 차가우면 다 굳기 때문에 주의하세요.

9   깍지를 끼운 짤주머니에 가나슈를 옮겨 담고 스크래퍼로
정리합니다.

10   앞뒤 다른 색으로 짝을 맞춰 둔 투톤 코크의 평평한 면에
가나슈를 스터핑하고 가나슈 표면을 살짝 말린 뒤 결합
합니다.

11   완성한 마카롱은 밀폐 용기에 넣고 24시간 동안 냉장 보
관합니다.

파리를 여행할 때 캐러멜 장인 앙리르후의 '유자 말차 캐러멜'에서
영감을 받아 만든 레시피입니다.
레시피에 쓰인 레몬 대신 유자로 대체해 만들어도 맛있어요.
한입 베어 물면 쌉쌀하게 퍼지는 말차의 맛과 바로 후각으로 느껴지는
시트러스의 상쾌한 향이 정말 매력적입니다.
코끝에 계속 맴도는 레몬 향과 진한 말차의 맛이 먹을수록
봄을 떠올리게 해요.

봄에 어울리는 꽃향기와 톡톡 튀는 붉은 과일의 만남!

Blackcurrant Raspberry

블랙커런트 라즈베리 마카롱

INGREDIENT

35개 분량

코크

○ 달걀흰자A 55g
○ 달걀흰자B 55g
○ 물 38g
○ 아몬드파우더 150g
○ 분당 150g
○ 설탕 150g
○ 윌튼색소 Violet 3g

필링

블랙커런트 라즈베리 가나슈

○ 화이트초콜릿 174g
○ 카카오버터 12g
○ 블랙커런트 퓌레 174g
○ 냉동 라즈베리 55g

PREP

- 오븐은 180도로 예열합니다.

- 가루류는 체에 내려 고운 상태로 만듭니다.

- 40p를 참고해 코크를 만들고 짝을 맞춰 팬에 놓습니다.

1. 냄비에 블랙커런트 퓌레와 냉동 라즈베리를 넣어 센 불에서 바글바글 끓어오르면 불을 끕니다.

2. 볼에 화이트초콜릿과 카카오버터를 담고 전자레인지에 넣어 30초씩 두세 번 돌려서 완전히 녹입니다.

TIP 30초 돌린 뒤 꺼내 스패출러로 잘 섞어 줘야 골고루 녹아요.

3. 녹인 초콜릿 볼에 끓인 퓌레를 두 번에 나눠 붓고 스패출러로 잘 섞어 부드러운 가나슈를 만듭니다.

4. 높이가 긴 통에 가나슈를 옮겨 담고 핸드 블렌더를 저속으로 하여 30초~1분간 섞어 유화시킵니다. 사진 속 질감이 되면 맞습니다.

5 완성된 가나슈는 트레이에 넓게 펼쳐 담고 랩을 씌워 공기가 닿지 않게 한 뒤 30분 정도 냉동 보관한 후 꺼내 2~3시간 정도 상온에 두었다가 사용합니다.

TIP 기름 성분인 카카오버터가 들어 있어 너무 굳어 있으면 짜기 힘드므로 질감을 확인한 뒤 스터핑할 준비를 하세요.

6 깍지를 끼운 짤주머니에 가나슈를 옮겨 담고 스크래퍼로 정리합니다.

7 앞뒤로 짝을 맞춰 둔 코크의 평평한 면에 가나슈를 스터핑하고 가나슈 표면을 살짝 말린 뒤 결합합니다.

8 완성한 마카롱은 밀폐 용기에 넣고 24시간 동안 냉장 보관합니다.

INCOMPLETETABLE SAYS

- 흔히 경험해 보지 못했던 블랙커런트의 새콤함과 우리가 잘 알고 있는 라즈베리의 톡톡 씹히는 식감을 함께 느껴 보세요.

짠맛에 감칠맛까지 겸한 맛의 밸런스 쇼크

Green Olive

올리브 마카롱

INGREDIENT

<u>35개 분량</u>

코크

○ 달걀흰자A 55g
○ 달걀흰자B 55g
○ 물 38g
○ 아몬드파우더 150g
○ 분당 150g
○ 설탕 150g
○ 윌튼색소
   Moss Green 1g

필링

올리브 가나슈

○ 바닐라 빈 1/4줄기
○ 화이트초콜릿 175g
○ 유지방 35% 생크림 75g
○ 엑스트라 버진 올리브오일
   112g
○ 씨 없는 그린 올리브 10개

PREP

- 오븐은 180도로 예열합니다.

- 가루류는 체에 내려 고운 상태로
  만듭니다.

- 올리브는 체에 밭쳐 물기를 뺀 뒤
  가로로 4등분합니다.

- 40p를 참고해 코크를 만들고 짝을
  맞춰 팬에 놓습니다.

1 냄비에 생크림과 손질한 바닐라 빈 줄기를 넣어 살짝 김
  이 오르는 80도까지 끓입니다.

2 냄비째로 10분간 따뜻하게 두어 바닐라 빈이 잘 우러나
  도록 합니다.

3 볼에 화이트초콜릿을 담고 전자레인지에 넣어 30초씩
  두세 번 돌려서 완전히 녹입니다.

TIP 30초 돌린 뒤 꺼내 스패출러로 잘 섞어 줘야 골고루 녹아요.

4 저울 위에 초콜릿 볼을 올리고 영점을 맞춥니다. 우려 둔
  생크림을 체에 밭쳐 부어 바닐라 빈 껍질을 걸러 냅니다.
  이때 생크림 무게가 70g이 되도록 하며 부족하면 생크
  림을 추가합니다.

5 가나슈를 스패출러로 20초간 짧게 섞은 다음 바로 높이
  가 긴 통에 옮겨 담고 핸드 블렌더를 저속으로 하여 20초
  간 섞습니다.

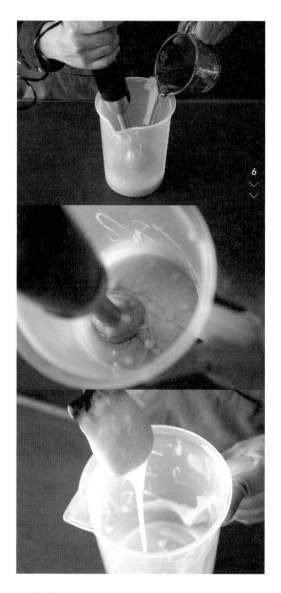

6 올리브오일을 두 번에 나눠 넣으며 기름이 뜨지 않고 되직한 질감이 될 때까지 핸드 블렌더로 약 1~2분간 더 섞어 완벽하게 유화시킵니다. 사진 속 질감이 되면 맞습니다.

7 완성된 가나슈는 트레이에 넓게 펼쳐 담고 랩을 씌워 공기가 닿지 않도록 한 뒤 30분 냉장 보관 또는 2~3시간 상온에 둡니다.

TIP 기름이 들어 가 오랜 시간 냉장 보관 시 아주 단단하게 굳을 수 있어요. 상온에 충분히 두어 짜기 좋은 상태로 만들고 작업하길 추천해요.

8 깍지를 끼운 짤주머니에 가나슈를 옮겨 담고 스크래퍼로 정리합니다.

9 앞뒤로 짝을 맞춰 둔 코크의 평평한 면에 가나슈를 스터핑합니다.

10 가나슈 가운데에 올리브를 1조각씩 올리고 표면을 살짝
　　말린 뒤 결합합니다.

11 완성한 마카롱은 밀폐 용기에 넣고 24시간 동안 냉장
　　보관합니다.

피에르 에르메의 올리브 마카롱 레시피에서 착안해
미완성식탁의 스타일로 재해석한 메뉴입니다.
미완성식탁은 부드러운 맛이 특징인
그리스 칼라마타 올리브오일을 사용하며,
짠맛과 감칠맛을 동시에 가진 그린 올리브를 넣어
밸런스를 맞추고 있습니다.
쉽게 접할 수 없는 조합이라 봄이 되면 이 마카롱을
위해 먼 길을 달려오시는 분들도 적지 않습니다.
레시피 문의도 참 많았고요.
올리브 마카롱으로 미완성식탁을 기억하는 분들이
정말 많은 이유입니다.

SUMMER

청량한 비주얼과 맛으로 인스타그램을 도배한 여름 베스트셀러

Lemon Yogurt

레몬 요거트 마카롱

INGREDIENT <u>70개 분량</u>

코크 1

○ 달걀흰자A 55g
○ 달걀흰자B 55g
○ 물 38g
○ 아몬드파우더 150g
○ 분당 150g
○ 설탕 150g
○ 윌튼색소
   Lemon Yellow 3g

코크 2

○ 달걀흰자A 55g
○ 달걀흰자B 55g
○ 물 38g
○ 아몬드파우더 150g
○ 분당 150g
○ 설탕 150g
○ 윌튼색소 White 3g

필링

레몬 잼

○ 레몬청 100g
○ 레몬즙 180g
○ 설탕 200g
○ NH 펙틴 10g

레몬 가나슈

○ 화이트초콜릿 399g
○ 플레인요거트 349g
○ 요거트파우더* 68g
○ 레몬제스트 20g

PREP

- 오븐은 180도로 예열합니다.

- 가루류는 체에 내려 고운 상태로 만듭니다.

- 48p를 참고해 투톤 코크를 만들고 짝을 맞춰 팬에 놓습니다.

* sosa 요거트파우더를 사용했습니다.

레몬 잼 만들기

01 볼에 설탕 50g과 NH 펙틴을 담고 덩어리지지 않게 잘
섞습니다.

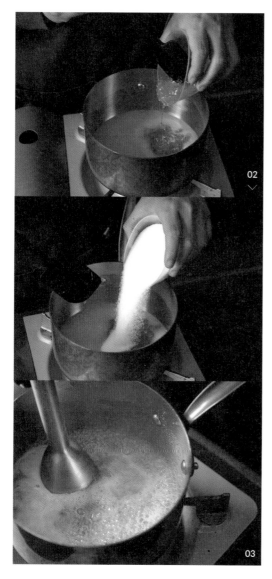

02 냄비에 레몬청과 레몬즙, 설탕 150g을 넣고 중간 불에
    서 끓입니다.

03 팔팔 끓어오르면 핸드 블렌더로 씹히는 덩어리가 없도
    록 곱게 갑니다.

04 01을 넣고 뭉치지 않도록 거품기로 계속 저으며 3분간
    끓입니다.

05 얼음물에 잼을 조금씩 떨어트려 덩어리지는지 확인합
    니다. 레몬 잼 완성.

1. 볼에 플레인요거트와 레몬제스트를 넣고 60~65도 사이로 중탕하며 덩어리가 없어지도록 계속 젓다가 적당히 부드러워지면 중탕을 멈춥니다.

2. 볼에 화이트초콜릿을 담고 전자레인지에 넣어 30초씩 두세 번 돌려서 완전히 녹입니다.

TIP 30초 돌린 뒤 꺼내 스패출러로 잘 섞어 줘야 골고루 녹아요.

3. 녹인 초콜릿에 요거트파우더를 넣고 스패출러로 뭉친 부분 없이 볼 벽을 눌러 가며 잘 섞습니다.

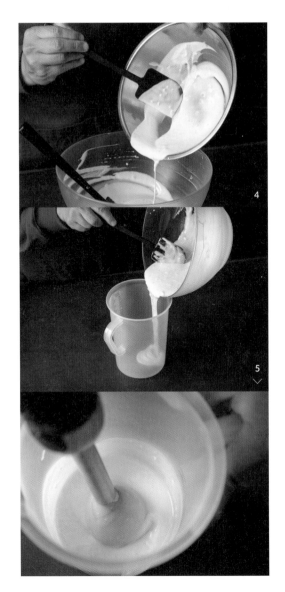

4. 저울 위에 초콜릿 볼을 올리고 영점을 맞춘 뒤 중탕해 둔 요거트를 넣습니다. 이때 무게가 349g이 되도록 하며 부족하면 플레인요거트를 추가합니다.

5. 높이가 긴 통에 가나슈를 옮겨 담고 핸드 블렌더를 저속으로 하여 30초~1분간 섞어 유화시킵니다. 사진 속 질감이 되면 맞습니다.

6 완성된 가나슈는 트레이에 넓게 펼쳐 담고 랩을 씌워 공기가 닿지 않게 한 뒤 상온에서 1~2시간 정도 굳힙니다.

7 작은 깍지를 끼운 짤주머니에 가나슈를, 깍지를 끼우지 않은 짤주머니에 레몬 잼을 옮겨 담고 스크래퍼로 정리합니다. 레몬 잼 짤주머니는 짜기 전 끝을 작게 잘라 둡니다.

8 앞뒤 다른 색으로 짝을 맞춰 둔 투톤 코크의 평평한 면에
   가나슈를 스터핑하고, 가운데에 레몬 잼을 속부터 채워
   뽑아 올리듯 작게 짜고 표면을 살짝 말린 뒤 결합합니다.

9 완성한 마카롱은 밀폐 용기에 넣고 24시간 동안 냉장 보
   관합니다.

2015년, SNS에 미완성식탁을 각인시키며 가장 사랑받은 메뉴가 바로 레몬 요거트 마카롱입니다.
베어 물기도 전에 새콤한 향기와 색으로 군침이 고일 수밖에요.
지치는 여름날 무드를 전환하는 간식으로, 특히 샴페인과 함께하면 최고의 안주가 됩니다.
오감을 두루 만족시키는 특별한 마카롱이며 대체할 수 없는 레시피라 자부합니다.

모든 세포를 깨워 주는 청량하고 맑은 허브 에너지

Lime Rosemary

라임 로즈메리 마카롱

INGREDIENT

35개 분량

코크

○ 달걀흰자A 55g
○ 달걀흰자B 55g
○ 물 38g
○ 아몬드파우더 150g
○ 분당 150g
○ 설탕 150g
○ 윌튼색소
  Golden Yellow 1g,
  Moss Green 1g

필링

라임 로즈메리 가나슈

○ 화이트초콜릿 250g
○ 버터 44g
○ 생라임즙* 113g
○ 로즈메리 8g

* 라임 퓌레로 대체 가능해요.

PREP

- 오븐은 180도로 예열합니다.

- 가루류는 체에 내려 고운 상태로 만듭니다.

- 버터는 상온에 두어 부드러운 상태로 준비합니다.

- 40p를 참고해 코크를 만들고 짝을 맞춰 팬에 놓습니다.

1 냄비에 라임즙과 로즈메리를 넣어 살짝 김이 오르는 80
도까지 끓입니다.

2 볼에 화이트초콜릿을 담고 전자레인지에 넣어 30초씩
두세 번 돌려서 완전히 녹입니다.

TIP 30초 돌린 뒤 꺼내 스패츌러로 잘 섞어 줘야 골고루 녹아요.

3 저울 위에 초콜릿 볼을 올리고 영점을 맞춘 뒤 체를 올
리고 끓인 라임즙을 부어 로즈메리를 걸러 냅니다. 이때
무게가 113g이 되도록 하며 부족하면 라임즙을 추가합
니다.

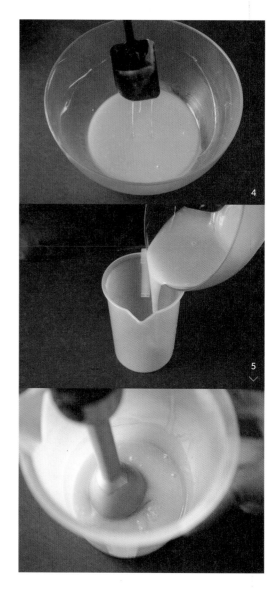

4 스패츌러로 잘 섞어 부드러운 가나슈를 만듭니다.

5 높이가 긴 통에 가나슈를 옮겨 담고 핸드 블렌더를 저속
으로 하여 20초간 가볍게 섞습니다.

TIP 초콜릿을 유화하는 과정인데, 이 과정을 건너뛰고 바로 버터를
넣으면 분리 현상이 일어나니 반드시 먼저 해 주세요.

6 버터를 넣고 형태가 없어질 때까지 핸드 블렌더로 섞어 완전히 유화시킵니다. 사진 속 질감이 되면 맞습니다.

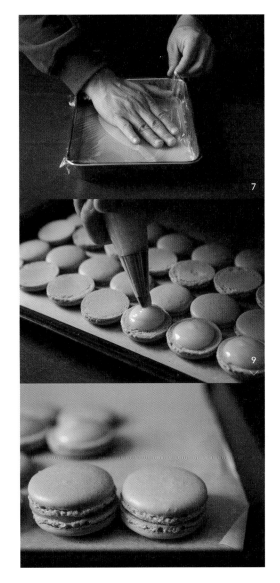

7 완성된 가나슈는 트레이에 넓게 펼쳐 담고 랩을 씌워 공기가 닿지 않게 한 뒤 상온에서 1~2시간 정도 둡니다.

8 작은 깍지를 끼운 짤주머니에 가나슈를 옮겨 담고 스크래퍼로 정리합니다.

9 앞뒤로 짝을 맞춰 둔 코크의 평평한 면에 가나슈를 스터핑하고 가나슈 표면을 살짝 말린 뒤 결합합니다.

10 완성한 마카롱은 밀폐 용기에 넣고 24시간 동안 냉장 보관합니다.

목이 너무 말랐던 어느 날.
시원한 탄산수를 들이켜다 무심코 집어 든 마카롱의 맛에
문자 그대로 눈이 번쩍 뜨였습니다. 전에 없던 강렬한 쾌감.
바로 이 라임 로즈메리 마카롱이었습니다.
호불호가 있을 솔잎 추출물 대신 로즈메리를 사용해
청량하고 깔끔한 맛을 냅니다.
시원한 음료와 함께 여러분도 한여름의 카타르시스를
즐겨 보세요.

대책 없이 사랑에 빠지는 여름밤 크리미한 화이트 발사믹

Balsamic Sun-dried Tomato

발사믹 선드라이드 토마토 마카롱

INGREDIENT

35개 분량

코크

○ 달걀흰자A 55g
○ 달걀흰자B 55g
○ 아몬드파우더 150g
○ 분당 150g
○ 설탕 150g
○ 물 38g
○ 가니시용 후추 소량

필링

발사믹 가나슈

○ 화이트초콜릿 240g
○ 유지방 35% 생크림 130g
○ 화이트 발사믹 비네거 52g
○ 선드라이드 토마토 5~6개

PREP

- 오븐은 180도로 예열합니다.

- 가루류는 체에 내려 고운 상태로 만듭니다.

- 선드라이드 토마토는 키친타월에 올려 기름기를 살짝 제거한 뒤 한 입 크기로 썹니다.

- 40p를 참고해 코크를 만들고 짝을 맞춰 팬에 놓습니다.

1 냄비에 생크림을 넣어 살짝 김이 오르는 80도까지 끓입니다.

2 작은 볼에 발사믹 비네거를 담고 전자레인지에 넣어 10초씩 세 번 돌려 졸입니다.

3 볼에 화이트초콜릿을 담고 전자레인지에 넣어 30초씩 두세 번 돌려서 완전히 녹입니다.

TIP 30초 돌린 뒤 꺼내 스패출러로 잘 섞어 줘야 골고루 녹아요.

4 녹인 초콜릿 볼에 끓인 생크림을 넣고 스패출러로 가볍게 섞습니다.

5 발사믹 비네거를 두 번에 나눠 붓고 다시 잘 섞습니다.

6 높이가 긴 통에 가나슈를 옮겨 담고 핸드 블렌더를 저속으로 하여 30초~1분간 섞어 유화시킵니다. 사진 속 질감이 되면 맞습니다.

7   완성된 가나슈는 트레이에 넓게 펼쳐 담고 랩을 씌워 공기가 닿지 않도록 한 뒤 1시간 냉장 보관 또는 2~3시간 상온에 둡니다.

TIP 이때 너무 차가우면 다 굳기 때문에 주의하세요.

8   깍지를 끼운 짤주머니에 가나슈를 옮겨 담고 스크래퍼로 정리합니다.

9   앞뒤로 짝을 맞춰 둔 코크의 평평한 면에 가나슈를 스터핑합니다.

10   가나슈 가운데에 선드라이드 토마토를 1조각씩 올리고 바로 결합합니다.

11   완성한 마카롱은 밀폐 용기에 넣고 24시간 동안 냉장 보관합니다.

제대로 된 와인 안주로서의 마카롱을 만들고 싶었습니다. 화이트 발사믹 비네거의 시원한 맛과 화이트초콜릿의 만남은 마치 잘 발효된 크림치즈처럼 깊은 맛을 냅니다.

입안에 들어오면 은은하게 톡 쏘는 비네거의 향은 레드 와인 한 잔과 함께 먹으면 자연스럽게 어우러지는 매력이 있습니다. 선드라이드 토마토의 짭짤한 맛은 단맛의 밸런스를 증폭시키고, 후추로 가니시한 코크는 알싸하고 달콤하게 마무리되지요.

사실 유럽 여행을 하면 어디서나 쉽게 볼 수 있는 마카롱입니다. 한국에서도 다양한 식재료를 사용하는 마카롱을 만들고 싶어 시도했는데 많은 극찬을 받아 뿌듯하게 소개합니다.

개성 넘치는 두 열대과일의 상큼한 만남

Mango
Passion Fruit

망고 패션프루트 마카롱

INGREDIENT 70개 분량

코크 1
○ 달걀흰자A 55g
○ 달걀흰자B 55g
○ 물 38g
○ 아몬드파우더 150g
○ 분당 150g
○ 설탕 150g
○ 윌튼색소
　 Golden Yellow 2g

코크 2
○ 달걀흰자A 55g
○ 달걀흰자B 55g
○ 물 38g
○ 아몬드파우더 150g
○ 분당 150g
○ 설탕 150g
○ 윌튼색소
　 Red Red 1.5g,
　 Brown 0.5g

필링
망고 패션프루트 가나슈
○ 화이트초콜릿 452g
○ 카카오버터 41g
○ 패션프루트 퓌레 228g
○ 망고 퓌레 154g

PREP

- 오븐은 180도로 예열합니다.

- 가루류는 체에 내려 고운 상태로 만
  듭니다.

- 48p를 참고해 투톤 코크를 만들고
  짝을 맞춰 팬에 놓습니다.

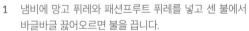

4   높이가 긴 통에 가나슈를 옮겨 담고 핸드 블렌더를 저속
    으로 하여 30초간 섞어 유화시킵니다.

5   완성된 가나슈는 트레이에 넓게 펼쳐 담고 랩을 씌워 공
    기가 닿지 않게 한 뒤 30분 정도 냉동 보관한 후 꺼내
    2~3시간 정도 상온에 두고 사용합니다.

TIP 기름 성분인 카카오버터가 들어 있어 너무 굳으면 짜기 힘드므
     로 질감을 확인한 뒤 스터핑할 준비를 하세요.

1   냄비에 망고 퓌레와 패션프루트 퓌레를 넣고 센 불에서
    바글바글 끓어오르면 불을 끕니다.

2   볼에 화이트초콜릿과 카카오버터를 담고 전자레인지에
    넣어 30초씩 두세 번 돌려서 완전히 녹입니다.

TIP 30초 돌린 뒤 꺼내 스패출러로 잘 섞어 줘야 골고루 녹아요.

3   녹인 초콜릿 볼에 끓인 퓌레를 세 번 정도 나눠 넣고 스
    패출러로 계속 잘 섞어 부드러운 가나슈를 만듭니다.

6   깍지를 끼운 짤주머니에 가나슈를 옮겨 담고 스크래퍼로
    정리합니다.

7   앞뒤 다른 색으로 짝을 맞춰 둔 투톤 코크의 평평한 면
    에 가나슈를 스터핑하고 가나슈 표면을 살짝 말린 뒤 결
    합합니다.

8   완성한 마카롱은 밀폐 용기에 넣고 24시간 동안 냉장
    보관합니다.

INCOMPLETETABLE SAYS

- 망고의 이국적인 단맛과 패션프루트의 적절한 상큼함이 휴양지에 놀러 온 무드를 만듭니다. 너무 대중적이지 않으면서도
  호불호 없는 맛이라 매해 가장 많이 팔리는 베스트셀러입니다.

- 식사 후 가볍게 즐기기 좋으며, 가벼운 샴페인과 함께 먹으면 진가가 발휘되는 메뉴이니 참고하세요.

뜨거운 오후 햇빛 아래 시원한 차와 즐기는 연둣빛 피서

Pea

완두콩 마카롱

INGREDIENT

35개 분량

코크
- 달걀흰자A 55g
- 달걀흰자B 55g
- 물 38g
- 아몬드파우더 150g
- 슈가파우더 150g
- 설탕 150g
- 윌튼색소
  Moss Green 2g,
  Golden Yellow 1g
- 가니시용 아몬드
  파우더 소량

필링

완두배기
- 껍질을 제거한 완두콩 250g
- 물 200g
- 설탕 100g
- 소금 1자밤

완두콩 가나슈
- 화이트초콜릿 218g
- 껍질을 제거한 완두콩 250g
- 생크림 약 250g(완두콩이 잠길 만큼)
- 소금 1자밤

PREP
- 오븐은 180도로 예열합니다.
- 가루류는 체에 내려 고운 상태로 만듭니다.
- 40p를 참고해 코크를 만들고 짝을 맞춰 팬에 놓습니다.

완두배기 만들기

01 흐르는 물에 완두콩을 깨끗하게 세척합니다.

02 냄비에 완두콩이 잠길 정도의 물을 담고 팔팔 끓으면 완
    두콩과 소금을 넣어 3~4분간 더 익힙니다.

03 다른 냄비에 물과 설탕을 넣고 팔팔 끓을 때까지 중간
    불에서 끓입니다.

04 익힌 완두콩을 넣고 중간 불에서 수분이 없어질 때까지
    천천히 저으며 졸입니다. 이때 너무 휘젓거나 오래 익히
    면 완두콩이 터지니 주의하세요. 완두배기 완성.

INCOMPLETETABLE SAYS

- 한국식 디저트인 떡에 자주 쓰이는 완두배기를 사용한 마카롱이라 특별해요. 적당히 꼬들꼬들한 완두배기가 식감을 좌우
  합니다. 완두배기는 다양한 토핑으로 사용하기 좋아 넉넉히 만들어서 냉동 보관해 두고 사용해 보세요.

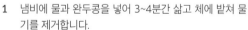

4   푸드프로세서에 넣어 곱게 간 뒤 체에 한 번 더 걸러 부
    드러운 완두콩 퓌레를 만듭니다.

1   냄비에 물과 완두콩을 넣어 3~4분간 삶고 체에 받쳐 물
    기를 제거합니다.

2   냄비에 다시 완두콩을 넣고 생크림을 살짝 잠길 만큼 붓
    습니다.

3   센 불에서 눌어붙지 않게 계속 젓다가 끓어오르면 소금
    으로 간한 뒤 수분을 날리며 10분간 더 끓입니다.

TIP 이때 계속 농도를 관찰하면서 작업하세요.

INCOMPLETETABLE SAYS

- 완두콩 퓌레는 이렇게 직접 만들어 쓰는 것을 추천
  하지만, 시판 제품을 사용해 가나슈에 섞어도 무방
  합니다.

5 볼에 화이트초콜릿을 담고 전자레인지에 넣어 30초씩
두세 번 돌려서 완전히 녹입니다.

TIP 30초 돌린 뒤 꺼내 스패출러로 잘 섞어 줘야 골고루 녹아요.

6 녹인 초콜릿 볼에 완두콩 퓌레 230g을 넣고 스패출러로
잘 섞어 부드러운 가나슈를 만듭니다.

7 높이가 긴 통에 옮겨 담고 핸드 블렌더를 저속으로 하여
30초~1분간 섞어 유화시킵니다. 사진 속 질감이 되면
맞습니다.

8 완성된 가나슈는 트레이에 넓게 펼쳐 담고 랩을 씌워 공
기가 닿지 않도록 한 뒤 1시간 냉장 보관 또는 2~3시간
상온에 둡니다.

TIP 이때 너무 차가우면 다 굳기 때문에 주의하세요.

9 깍지를 끼운 짤주머니에 가나슈를 옮겨 담고 스크래퍼로
정리합니다.

10 앞뒤로 짝을 맞춰 둔 코크의 평평한 면에 가나슈를 스터
핑합니다.

11 가나슈 가운데에 완두배기를 2~3알 올리고 표면을 살
짝 말린 뒤 결합합니다.

12 완성한 마카롱은 밀폐 용기에 넣고 24시간 동안 냉장
보관합니다.

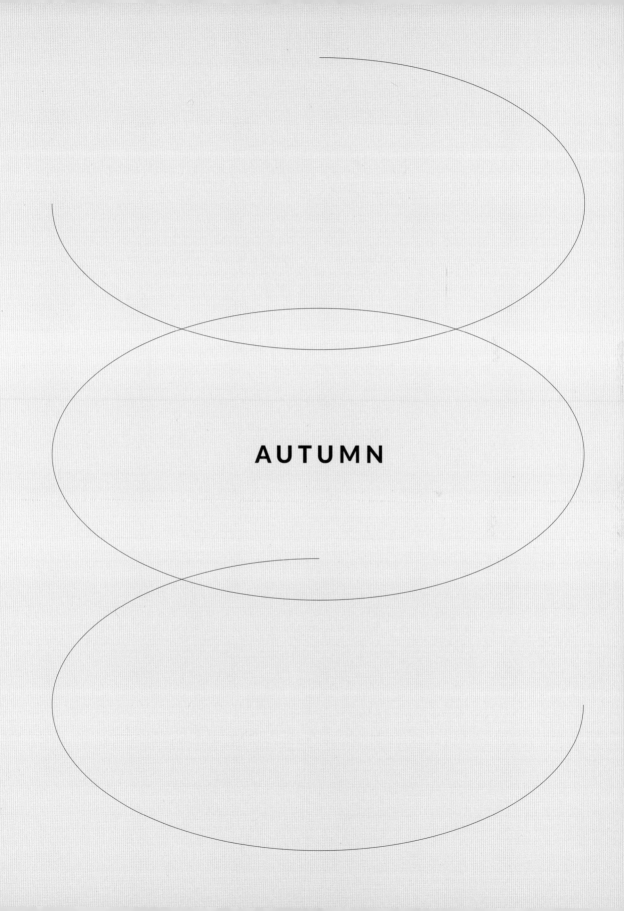

AUTUMN

화사하고 청량한 스피아민트와 구운 아몬드의 깔끔한 조화

Mint Almond

민트 아몬드 마카롱

INGREDIENT 70개 분량

코크 1

- ○ 달걀흰자A 55g
- ○ 달걀흰자B 55g
- ○ 물 38g
- ○ 아몬드파우더 150g
- ○ 분당 150g
- ○ 설탕 150g

코크 2

- ○ 달걀흰자A 55g
- ○ 달걀흰자B 55g
- ○ 물 38g
- ○ 아몬드파우더 150g
- ○ 분당 150g
- ○ 설탕 150g
- ○ 윌튼색소
  Mint Green 4g

필링

민트 아몬드 가나슈

- ○ 화이트초콜릿 390g
- ○ 유지방 35% 생크림 390g
- ○ 구운 아몬드 50g
- ○ 스피아민트 잎* 30g

* 민트는 냉동 잎을 사용해도 무방하
지만, 스피아민트는 생으로 된 것을
쓰세요.

PREP

- 오븐은 180도로 예열합니다.

- 가루류는 체에 내려 고운 상태로 만
  듭니다.

- 48p를 참고해 투톤 코크를 만들고
  짝을 맞춰 팬에 놓습니다.

1   냄비에 생크림을 넣어 살짝 김이 오르는 80도까지 끓입
    니다.

2   끓인 생크림을 담은 뒤 스피아민트 잎을 넣고 10분간
    따뜻하게 두어 우려냅니다.

3   볼에 화이트초콜릿을 담고 전자레인지에 넣어 30초씩
    두세 번 돌려서 완전히 녹입니다.

TIP 30초 돌린 뒤 꺼내 스패출러로 잘 섞어 줘야 골고루 녹아요.

4   우려낸 스피아민트 생크림을 볼에 붓고 스패출러로 잘
    섞습니다.

5   저울 위에 높이가 긴 통을 올리고 영점을 맞춘 뒤 체를
    받쳐 생크림을 붓고 스피아민트 잎을 걸러 냅니다. 이때
    무게가 390g이 되도록 하며 부족하면 생크림을 추가합
    니다.

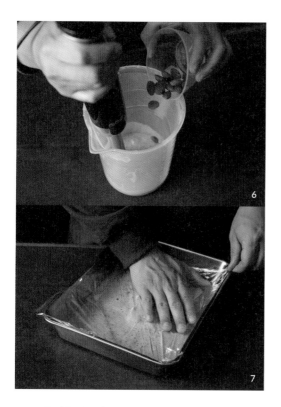

6 구운 아몬드를 넣고 핸드 블렌더를 저속으로 하여 30초
~1분간 곱게 섞어 유화시킵니다.

7 완성된 가나슈는 트레이에 넓게 펼쳐 담고 랩을 씌워 공
기가 닿지 않도록 한 뒤 1시간 냉장 보관 또는 2~3시간
상온에 둡니다.

TIP 이때 너무 차가우면 다 굳기 때문에 주의하세요.

8 큰 깍지를 끼운 짤주머니에 가나슈를 옮겨 담고 스크래
퍼로 정리합니다.

9 앞뒤 다른 색으로 짝을 맞춰 둔 투톤 코크의 평평한 면
에 가나슈를 스터핑하고 가나슈 표면을 살짝 말린 뒤 결
합합니다.

10 완성한 마카롱은 밀폐 용기에 넣고 24시간 동안 냉장
보관합니다.

INCOMPLETETABLE SAYS

- 구운 아몬드뿐 아니라 캐러멜라이징한 아몬드도 잘 어울리니 시도해 보세요.

미완성식탁의 절대적 밸런스, 단호박과 피칸

Autumn Squash Pecan

단호박 피칸 마카롱

INGREDIENT 70개 분량

코크 1

○ 달걀흰자A 55g
○ 달걀흰자B 55g
○ 물 38g
○ 아몬드파우더 150g
○ 분당 150g
○ 설탕 150g
○ 윌튼색소
　Golden Yellow 1.5g,
　Brown 0.5g

코크 2

○ 달걀흰자A 55g
○ 달걀흰자B 55g
○ 물 38g
○ 아몬드파우더 150g
○ 분당 150g
○ 설탕 150g
○ 윌튼색소
　Moss Green 1.5g,
　Black 0.5g

필링

단호박 퓌레

○ 단호박 430g
○ 생크림 350g
　(단호박이 적당히 잠길때까지)
○ 시나몬파우더 4g
○ 소금 1자밤

단호박 가나슈

○ 화이트초콜릿 436g
○ 단호박 퓌레 455g
○ 피칸 100g

PREP

- 오븐은 180도로 예열합니다.

- 가루류는 체에 내려 고운 상태로 만듭니다.

- 피칸은 오븐에 넣어 110도로 25분간 구운 뒤 한김 식히고 반으로 잘라 둡니다.

- 48p를 참고해 투톤 코크를 만들고 짝을 맞춰 팬에 놓습니다.

단호박 퓌레 만들기

01

01 단호박을 반으로 자른 뒤 찜기에 올려 10분간 찝니다.

TIP 비닐봉지에 담아 전자레인지에 넣고 6분간 돌려도 돼요.

02 단호박 속을 숟가락으로 파내어 냄비에 넣고 생크림, 시
나몬파우더, 소금을 넣습니다.

03 센 불에서 눌어붙지 않도록 계속 젓다가 보글보글 끓어
오르면 약한 불에서 5분간 수분을 날리며 더 끓입니다.

04 푸드프로세서에 넣고 곱게 갑니다. 단호박 퓌레 완성.

INCOMPLETETABLE SAYS

- 단호박 퓌레를 끓일 때는 계속 농도를 관찰하며 작업하고 틈틈이 간을 보세요.

- 직접 만든 퓌레는 당일 내로 사용하는 것이 가장 좋습니다. 냉동 보관 시에는 실온에서 자연 해동한 뒤 사용합니다.

1   볼에 화이트초콜릿을 담고 전자레인지에 넣어 30초씩
    두세 번 돌려서 완전히 녹입니다.

TIP 30초 돌린 뒤 꺼내 스패출러로 잘 섞어 줘야 골고루 녹아요.

2   녹인 초콜릿 볼에 단호박 퓌레 455g을 넣고 스패출러로
    잘 섞어 부드러운 가나슈를 만듭니다.

3   높이가 긴 통에 가나슈를 옮겨 담고 핸드 블렌더를 저속
    으로 하여 30초~1분간 곱게 섞어 유화시킵니다. 사진
    속 질감이 되면 맞습니다.

4   완성된 가나슈는 트레이에 넓게 펼쳐 담고 랩을 씌워 공
    기가 닿지 않도록 한 뒤 1시간 냉장 보관 또는 2~3시간
    상온에 둡니다.

TIP 이때 너무 차가우면 다 굳기 때문에 주의하세요.

5   깍지를 끼운 짤주머니에 가나슈를 옮겨 담고 스크래퍼로
    정리합니다.

6   앞뒤 다른 색으로 짝을 맞춰 둔 투톤 코크의 평평한 면
    에 가나슈를 넉넉히 스터핑합니다.

TIP 가나슈 양을 넉넉히 짜야 단호박의 향이 잘 느껴져요.

7   가나슈 가운데에 피칸의 넓은 면이 위로 오도록 올리고
    표면을 살짝 말린 뒤 결합합니다.

8   완성한 마카롱은 밀폐 용기에 넣고 24시간 동안 냉장
    보관합니다.

엄선한 단호박 농가와 직접 거래해 독자적으로 개발한 레시피입니다.
다른 메뉴에 비해 손이 많이 가고 힘도 들지만 정성만큼 주목을 받아 뿌듯한 작업이에요.
최선의 맛을 위해 최상의 재료로 밸런스를 맞추는 일은 언제나 보람찹니다.
단호박의 고급스러운 단맛 위에 쌓이는 고소한 피칸의 향이 깊어가는 가을의 맛을
고스란히 담고 있습니다.

묵직한 밤 크림과 부드럽게 흘러내리는 바나나 향 캐러멜의 절묘함

Chestnut Banana Passion Fruit Caramel

밤 바나나 패션프루트 캐러멜 마카롱

INGREDIENT 70개 분량

코크 1
○ 달걀흰자A 55g
○ 달걀흰자B 55g
○ 물 38g
○ 아몬드파우더 150g
○ 분당 150g
○ 설탕 150g
○ 가니시용
  카카오파우더 약간
○ 윌튼색소 Golden
  Yellow 3g

코크 2
○ 달걀흰자A 55g
○ 달걀흰자B 55g
○ 물 38g
○ 아몬드파우더 150g
○ 분당 150g
○ 설탕 150g
○ 윌튼색소 Brown 2g

필링
바나나 패션프루트 캐러멜
○ 물엿 60g
○ 바나나 퓌레 50g
○ 패션프루트 퓌레 24g
○ 버터 8g
○ 유지방 35% 생크림 150g
○ 설탕 112g

밤 버터크림
○ 밤 페이스트 362g
○ 밤 잼 129g
○ 버터 191g
○ 화이트 럼* 20g

PREP

- 오븐은 180도로 예열합니다.

- 가루류는 체에 내려 고운 상태로 만
  듭니다.

- 버터는 상온에 두어 부드러운 상태
  로 준비합니다.

- 48p를 참고해 투톤 코크를 만들고
  짝을 맞춰 팬에 놓습니다.

* 럼은 밤 크림의 보습을 유지하고 풍미
  를 올립니다.

바나나 패션프루트 캐러멜 만들기

01 동냄비에 물엿, 설탕을 넣고 중간 불에서 끓여 캐러멜화
합니다.

02 01번과 동시에 생크림을 전자레인지에 넣어 1분간 돌
려 데웁니다.

03 내열 용기에 바나나 퓌레와 패션프루트 퓌레를 함께 담
고 가볍게 섞은 뒤 전자레인지에 넣어 20초간 돌려 데
웁니다.

04 연기가 올라오고 색감이 조금 진해진 캐러멜에 데운 생
크림을 여러 번 나눠 넣고 110도가 될 때까지 계속 저
으며 끓입니다.

05 110도가 된 캐러멜에 데운 퓌레를 여러 번 나눠 넣으며
107도가 되었을 때 불을 끕니다.

06 미리 준비한 얼음물에 냄비를 넣어 식히고 즉시 버터를
   넣어 형태가 없어질 때까지 잘 섞습니다.

07 체에 걸러 덩어리를 제거하고 용기에 넣어 한 김 식힌
   뒤 냉장 보관합니다. 바나나 패션프루트 캐러멜 완성.

1 볼에 밤 페이스트와 밤 잼, 럼 1/3 분량을 담고 핸드믹서
로 잘 섞습니다.

2 버터를 담고 다시 핸드믹서로 완전히 섞습니다.

3 나머지 럼을 모두 넣고 핸드믹서로 30초간 곱게 갑니다.

4 스패출러로 30초간 더 섞어 부드러운 상태를 만듭니다.

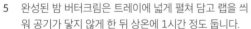

5 완성된 밤 버터크림은 트레이에 넓게 펼쳐 담고 랩을 씌워 공기가 닿지 않게 한 뒤 상온에 1시간 정도 둡니다.

TIP 짤주머니에 담기 전 스패출러로 잘 섞어 주세요.

6 큰 깍지를 끼운 짤주머니에 밤 버터크림을, 깍지를 끼우지 않은 짤주머니에 바나나 패션프루트 캐러멜을 옮겨 담고 스크래퍼로 정리합니다. 바나나 패션프루트 캐러멜 짤주머니는 짜기 전 끝을 작게 잘라 둡니다.

7 앞뒤 다른 색으로 짝을 맞춰 둔 투톤 코크의 평평한 면에 가나슈를 스터핑하고, 바나나 패션프루트 캐러멜을 속부터 채워 뽑아 올리듯 작게 짠 뒤 표면을 살짝 말리고 결합합니다.

8 완성한 마카롱은 밀폐 용기에 넣고 24시간 동안 냉장 보관합니다.

과일 캐러멜로 밤 크림의 풍미를 극대화하는 미완성식탁의 제안입니다.
밤의 담백한 단맛으로 시작하여 바나나, 패션프루트 같은 과일의 상큼함으로 마무리되는 맛이 매력적입니다.
혀끝에서는 바나나가 춤추고 상큼한 패션프루트가 목구멍을 지나며 입맛을 돋웁니다.
단맛과 신맛이 알맞게 만나면 무척 조화롭고 깔끔한 맛의 디저트가 탄생해 자주 만들어 보고 있어요.

한입 베어 물면 떠오르는 부모님 생각

Chestnut Matcha

밤 말차 마카롱

INGREDIENT 70개 분량

코크 1

○ 달걀흰자A 55g
○ 달걀흰자B 55g
○ 물 38g
○ 아몬드파우더 150g
○ 분당 150g
○ 설탕 150g
○ 윌튼색소
  Moss Green 3g

코크 2

○ 달걀흰자A 55g
○ 달걀흰자B 55g
○ 물 38g
○ 아몬드파우더 150g
○ 분당 150g
○ 설탕 150g
○ 윌튼색소 Brown 2g

필링

밤 버터크림

○ 밤 페이스트 362g
○ 밤 잼 129g
○ 버터 191g
○ 화이트 럼* 20g

말차 가나슈

○ 화이트초콜릿 100g
○ 유지방 35% 생크림 100g
○ 말차파우더 8g

PREP

- 오븐은 180도로 예열합니다.

- 가루류는 체에 내려 고운 상태로 만듭니다.

- 버터는 상온에 두어 부드러운 상태로 준비합니다.

- 48p를 참고해 투톤 코크를 만들고 짝을 맞춰 팬에 놓습니다.

* 럼은 밤 크림의 보습을 유지하고 풍미를 올립니다.

1 181p를 참고하여 밤 버터크림을, 66p를 참고하여 말차 가나슈를 만듭니다.

2 큰 깍지를 끼운 짤주머니에 밤 버터크림을, 작은 깍지를 끼운 짤주머니에 말차 가나슈를 옮겨 담고 스크래퍼로 정리합니다.

3 앞뒤 다른 색으로 짝을 맞춰 둔 투톤 코크의 평평한 면에 밤 가나슈를 천천히 스터핑합니다.

4 밤 버터크림 가운데에 말차 가나슈를 속부터 채워 뽑아 올리듯 작게 짠 뒤 결합합니다.

5 완성한 마카롱은 밀폐 용기에 넣고 24시간 동안 냉장 보관합니다.

INCOMPLETETABLE SAYS

- 가을의 밤을 직접 삶아 페이스트로 만들어도 되지만, 당절임이 되지 않은 밤의 경우 금방 상하기 때문에 시판 밤 페이스트를 사용하길 추천합니다.

어떠한 원두라도 본연의 향과 맛을 생생하게

Coffee

커피 마카롱

INGREDIENT

<u>35개 분량</u>

코크
- ○ 달걀흰자A 55g
- ○ 달걀흰자B 55g
- ○ 물 38g
- ○ 아몬드파우더 150g
- ○ 분당 150g
- ○ 설탕 150g
- ○ 가니시용 원두 가루 약간
- ○ 윌튼색소 Brown 4g

필링

커피 가나슈
- ○ 화이트초콜릿 260g
- ○ 유지방 35% 생크림 260g
- ○ 원두 가루 20g

PREP
- 오븐은 180도로 예열합니다.
- 가루류는 체에 내려 고운 상태로 만듭니다.
- 원두 가루 입자는 드립 커피용 크 기로 갈아서 준비합니다.
- 40p를 참고해 코크를 만들고 짝을 맞춰 팬에 놓습니다.

1   냄비에 생크림을 넣고 살짝 김이 오르는 85도까지 끓여
    주세요.

2   원두 가루를 넣고 10분간 따뜻하게 두어 커피 향을 충
    분히 우려냅니다.

TIP 원두는 온도에 따라 향이 바뀌므로 최소 85도 이상의 온도를 유
    지하며 우려내 주세요.

3   볼에 화이트초콜릿을 담고 전자레인지에 넣어 30초씩
    두세 번 돌려서 완전히 녹입니다.

TIP 30초 돌린 뒤 꺼내 스패출러로 잘 섞어 줘야 골고루 녹아요.

4   저울 위에 초콜릿 볼을 올리고 영점을 맞춥니다. 우려 둔
    생크림을 입자가 아주 고운 체에 내려 원두 가루를 걸러
    냅니다. 이때 생크림 무게가 260g이 되도록 하며 부족
    하면 생크림을 추가합니다.

5   스패출러로 잘 섞어 부드러운 가나슈를 만듭니다.

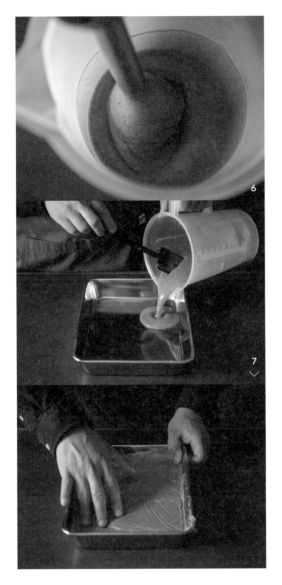

8   큰 깍지를 끼운 짤주머니에 가나슈를 옮겨 담고 스크래
     퍼로 정리합니다.

9   앞뒤로 짝을 맞춰 둔 코크의 평평한 면에 가나슈를 스터
     핑하고 가나슈 표면을 살짝 말린 뒤 결합합니다.

10   완성한 마카롱은 밀폐 용기에 넣고 24시간 동안 냉장
     보관합니다.

6   높이가 긴 통에 가나슈를 옮겨 담고 핸드 블렌더를 저속
     으로 하여 30초~1분간 섞어 유화시킵니다. 사진 속 질
     감이 되면 맞습니다.

7   완성된 가나슈는 트레이에 넓게 펼쳐 담고 랩을 씌워 공
     기가 닿지 않도록 한 뒤 1시간 냉장 보관 또는 2~3시간
     상온에 둡니다.

TIP 이때 너무 차가우면 다 굳기 때문에 주의하세요.

INCOMPLETETABLE SAYS

- 커피 브랜드에 따라 가나슈의 맛도 달라지니 자신
  이 좋아하는 맛을 찾는 재미를 느껴보세요.

WINTER

바질 애호가의 혼을 쏙 빼놓는 조화로운 품격

Basil Vanilla

바질 바닐라 마카롱

INGREDIENT
35개 분량

코크
- 달걀흰자A 55g
- 달걀흰자B 55g
- 물 38g
- 아몬드파우더 150g
- 분당 150g
- 설탕 150g
- 바닐라 빈 1/3 줄기
- 가니시용 피스타치오 가루 약간

필링
바질 바닐라 가나슈
- 화이트초콜릿 250g
- 유지방 35% 생크림 224g
- 바닐라 빈 2줄기
- 생바질 잎* 22g

* 냉동 바질로 대체 가능해요.

PREP
- 오븐은 180도로 예열합니다.
- 가루류는 체에 내려 고운 상태로 만듭니다.
- 40p를 참고해 코크를 만들고 짝을 맞춰 팬에 놓습니다.

1   냄비에 생크림과 손질한 바닐라 빈을 넣어 살짝 김이 오르는 80도까지 끓입니다.

2   끓인 생크림에 바질 잎 20g을 넣고 15분간 따뜻하게 두어 충분히 우려냅니다.

3   볼에 화이트초콜릿을 담고 전자레인지에 넣어 30초씩 두세 번 돌려서 완전히 녹입니다.

TIP   30초 돌린 뒤 꺼내 스패출러로 잘 섞어 줘야 골고루 녹아요.

4   저울 위에 초콜릿 볼을 올리고 영점을 맞춥니다. 우려 둔 생크림을 체에 밭쳐 부어 바닐라 빈 껍질을 걸러 냅니다. 이때 생크림 무게가 224g이 되도록 하며 부족하면 생크림을 추가합니다.

8 큰 깍지를 끼운 짤주머니에 가나슈를 옮겨 담고 스크래
   퍼로 정리합니다.

9 앞뒤로 짝을 맞춰 둔 코크의 평평한 면에 가나슈를 스터
   핑하고 가나슈 표면을 살짝 밀린 뒤 샐합합니다.

10 완성한 마카롱은 밀폐 용기에 넣고 24시간 동안 냉장
   보관합니다.

5 나머지 바질 잎 2g을 넣고 스패츌러로 잘 섞어 부드러운
   가나슈를 만듭니다.

6 높이가 긴 통에 가나슈를 옮겨 담고 핸드 블렌더를 저속
   으로 하여 30초~1분간 섞어 유화시킵니다. 사진 속 질
   감이 되면 맞습니다.

7 완성된 가나슈는 트레이에 넓게 펼쳐 담고 랩을 씌워 공
   기가 닿지 않도록 한 뒤 1시간 냉장 보관 또는 2~3시간
   상온에 둡니다.

TIP 이때 너무 차가우면 다 굳기 때문에 주의하세요.

겨울에만 먹을 수 있는 제철 유자와 딸기의 향연

Yuzu Strawberry

유자 딸기 마카롱

INGREDIENT 70개 분량

코크 1
○ 달걀흰자A 55g
○ 달걀흰자B 55g
○ 물 38g
○ 아몬드파우더 150g
○ 분당 150g
○ 설탕 150g
○ 윌튼색소 Red Red 3g

코크 2
○ 달걀흰자A 55g
○ 달걀흰자B 55g
○ 물 38g
○ 아몬드파우더 150g
○ 분당 150g
○ 설탕 150g
○ 윌튼색소 Golden Yellow 3g

필링

유자 딸기 가나슈
○ 딸기초콜릿 416g
○ 유지방 35% 생크림 468g
○ 유자제스트 30g

유자 잼
○ 유자청 100g
○ 유자즙 180g
○ 설탕 200g
○ NH 펙틴 10g

PREP

- 오븐은 180도로 예열합니다.

- 가루류는 체에 내려 고운 상태로 만듭니다.

- 136p를 참고해 유자 잼을 만듭니다. 이때 레몬 대신 유자를 사용합니다.

- 48p를 참고해 투톤 코크를 만들고 짝을 맞춰 팬에 놓습니다.

1   냄비에 생크림을 넣고 살짝 김이 오르는 80도까지 끓입
    니다.

2   끓인 생크림에 유자제스트를 넣고 10분간 따뜻하게
    두어 우려냅니다.

3   볼에 딸기초콜릿을 담고 전자레인지에 넣어 30초씩 두
    세 번 돌려서 완전히 녹입니다.

TIP 30초 돌린 뒤 꺼내 스패츌러로 잘 섞어 줘야 골고루 녹아요.

4   녹인 초콜릿 볼에 우려 둔 생크림을 붓고 스패츌러로 잘
    섞어 부드러운 가나슈를 만듭니다. 이때 레몬제스트가
    씹히는 것이 싫다면 체에 걸러 넣으세요.

5   높이가 긴 통에 가나슈를 옮겨 담고 핸드 블렌더를 저속
    으로 하여 20초간 섞어 유화시킵니다. 사진 속 질감이
    되면 맞습니다.

6   완성된 가나슈는 트레이에 넓게 펼쳐 담고 랩을 씌워 공
    기가 닿지 않도록 한 뒤 30분 냉장 보관 또는 2~3시간
    상온에 둡니다.

TIP 이때 너무 차가우면 다 굳기 때문에 주의하세요.

7 큰 깍지를 끼운 짤주머니에 가나슈를, 깍지를 끼우지 않은 짤주머니에 유자 잼을 옮겨 담고 스크래퍼로 정리합니다. 유자 잼 짤주머니는 짜기 전 끝을 작게 잘라 둡니다.

8 앞뒤 다른 색으로 짝을 맞춰 둔 투톤 코크의 평평한 면에 가나슈를 천천히 스터핑합니다.

9 가나슈 가운데에 유자 잼을 속부터 채워 뽑아 올리듯 작게 짜고 표면을 살짝 말린 뒤 결합합니다.

10 완성한 마카롱은 밀폐 용기에 넣고 24시간 동안 냉장 보관합니다.

INCOMPLETETABLE SAYS

- 저는 해풍을 맞고 풍부한 일조량으로 자라는 고흥 유자를 선호합니다. 알이 큰 것도 좋지만 상처가 많이 없는 유자가 향이 좋으므로 고를 때 참고하세요.

한국인이 사랑하는 팥과 바닐라의 고급스러운 밸런스

Red bean Vanilla

팥 바닐라 마카롱

INGREDIENT 70개 분량

코크 1
- ○ 달걀흰자A 55g
- ○ 달걀흰자B 55g
- ○ 물 38g
- ○ 아몬드파우더 150g
- ○ 분당 150g
- ○ 설탕 150g
- ○ 윌튼색소
  Red Red 1g

코크 2
- ○ 달걀흰자A 55g
- ○ 달걀흰자B 55g
- ○ 바닐라 빈 1/3줄기
- ○ 물 38g
- ○ 아몬드파우더 150g
- ○ 분당 150g
- ○ 설탕 150g

필링
팥 바닐라 가나슈
- ○ 화이트초콜릿 448g
- ○ 바닐라 빈 2줄기
- ○ 유지방 35% 생크림 436g
- ○ 팥 앙금 100g
- ○ 스터핑용 팥 앙금 150g

PREP

- 오븐은 180도로 예열합니다.

- 가루류는 체에 내려 고운 상태로 만듭니다.

- 48p를 참고해 투톤 코크를 만들고 짝을 맞춰 팬에 놓습니다.

1 냄비에 생크림과 손질한 바닐라 빈 줄기를 넣어 살짝 김
이 오르는 80도까지 끓입니다.

2 냄비째로 10분간 따뜻하게 두어 바닐라 빈이 잘 우러나
도록 합니다.

3 볼에 화이트초콜릿을 담고 전자레인지에 넣어 30초씩
두세 번 돌려서 완전히 녹입니다.

TIP 30초 돌린 뒤 꺼내 스패츌러로 잘 섞어 줘야 골고루 녹아요.

4 저울 위에 녹인 초콜릿 볼을 올리고 영점을 맞춥니다. 우
려 둔 생크림을 체에 밭쳐 부어 바닐라 빈 껍질을 걸러
냅니다. 이때 생크림 무게가 436g이 되도록 하고 부족
하면 생크림을 추가합니다.

5 높이가 긴 통에 가나슈를 옮겨 담고 핸드 블렌더를 저속
으로 하여 30초간 잘 섞습니다.

6 팥 앙금을 넣고 다시 핸드 블렌더를 저속으로 하여 30초
~1분간 섞어 유화시킵니다.

7 완성된 가나슈는 트레이에 넓게 펼쳐 담고 랩을 씌워 공
기가 닿지 않도록 한 뒤 30분 냉장 보관 또는 2~3시간
상온에 둡니다.

TIP 이때 너무 차가우면 다 굳기 때문에 주의하세요.

8   큰 깍지를 끼운 짤주머니에 가나슈를 담고, 작은 깍지를 끼운 짤주머니에 팥 앙금을 담은 뒤 각각 스크래퍼로 정리합니다.

9   앞뒤 다른 색으로 짝을 맞춰 둔 투톤 코크의 평평한 면에 가나슈를 스터핑하고 가운데에 팥 앙금을 속부터 채워 뽑아 올리듯 작게 짠 뒤 표면을 살짝 말리고 결합합니다.

10 완성한 마카롱은 밀폐 용기에 넣고 24시간 동안 냉장 보관합니다.

프랑스 디저트로 재탄생한 한국 전통의 떡

Injeolmi

인절미 마카롱

INGREDIENT

35개 분량

코크

○ 달걀흰자A 55g
○ 달걀흰자B 55g
○ 아몬드파우더 150g
○ 분당 150g
○ 설탕 150g
○ 물 38g
○ 가니시용 인절미 콩가루 소량

필링

인절미 가나슈

○ 화이트초콜릿 195g
○ 유지방 35% 생크림 195g
○ 콩가루* 18g
○ 빙수용 인절미 35개

* 설탕이 첨가되지 않은 콩가루를 쓰세요.

PREP

- 오븐은 180도로 예열합니다.

- 가루류는 체에 내려 고운 상태로 만듭니다.

- 40p를 참고해 코크를 만들고 짝을 맞춰 팬에 놓습니다.

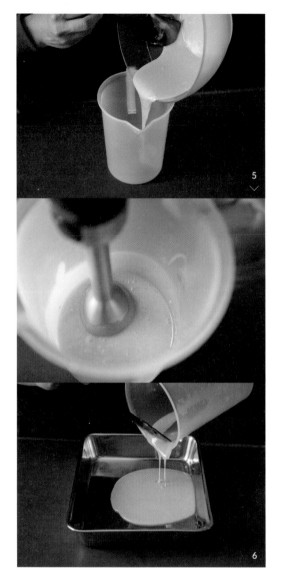

1 냄비에 생크림을 넣고 살짝 김이 오르는 85도까지 끓입니다.

2 볼에 화이트초콜릿을 담고 전자레인지에 넣어 30초씩 두세 번 돌려서 완전히 녹입니다.

TIP 30초 돌린 뒤 꺼내 스패출러로 잘 섞어 줘야 골고루 녹아요.

3 녹인 초콜릿 볼에 콩가루를 넣고 스패출러로 뭉친 부분 없이 눌러 가며 잘 섞습니다.

TIP 가루 및 페이스트는 수분에 의하여 잘 뭉치므로 초콜릿에 미리 넣어 충분히 풀어 줘요.

4 끓인 생크림을 두 번에 나눠 넣고 스패출러로 다시 잘 섞어 부드러운 가나슈를 만듭니다.

5 높이가 긴 통에 가나슈를 옮겨 담고 핸드 블렌더를 저속으로 하여 30초~1분간 섞어 유화시킵니다. 사진 속 질감이 되면 맞습니다.

6 완성된 가나슈는 트레이에 넓게 펼쳐 담고 랩을 씌워 공기가 닿지 않도록 한 뒤 1시간 냉장 보관 또는 2~3시간 상온에 둡니다.

TIP 이때 너무 차가우면 다 굳기 때문에 주의하세요.

7 작은 깍지를 끼운 짤주머니에 가나슈를 옮겨 담고 스크
래퍼로 정리합니다.

8 앞뒤로 짝을 맞춰 둔 코크의 평평한 면에 가나슈를 스터
핑합니다.

9 가나슈 가운데에 인절미 조각을 1개씩 올리고 표면을
살짝 말린 뒤 결합합니다.

10 완성한 마카롱은 밀폐 용기에 넣고 24시간 동안 냉장
보관합니다.

INCOMPLETETABLE SAYS

- 콩가루는 설탕이 함유되지 않은 순수 100% 콩가루를 쓰세요. 단맛은 초콜릿으로 맞춰집니다.

- 빙수용 인절미 떡은 냉동 보관하고, 쓸 만큼만 꺼내 해동한 뒤 쓰세요. 일반 인절미를 작게 잘라 사용해도 무방합니다.

특별한 겨울, 직접 만드는 연말의 맛

Raspberry Pistachio

라즈베리 피스타치오 마카롱

INGREDIENT 70개 분량

코크 1
○ 달걀흰자A 55g
○ 달걀흰자B 55g
○ 물 38g
○ 아몬드파우더 150g
○ 분당 150g
○ 설탕 150g
○ 윌튼색소 Red Red 2g, Brown 1g

코크 2
○ 달걀흰자A 55g
○ 달걀흰자B 55g
○ 물 38g
○ 아몬드파우더 150g
○ 분당 150g
○ 설탕 150g
○ 윌튼색소 Moss Green 2g

필링

라즈베리 잼
○ 냉동 라즈베리 200g
○ 설탕 200g
○ 잼용 아미드 펙틴 8g

피스타치오 가나슈
○ 화이트초콜릿 338g
○ 피스타치오 페이스트 112g
○ 유지방 35% 생크림 372g

PREP

- 오븐은 180도로 예열합니다.

- 가루류는 체에 내려 고운 상태로 만듭니다.

- 48p를 참고해 투톤 코크를 만들고 짝을 맞춰 팬에 놓습니다.

라즈베리 잼 만들기

01

02

01 볼에 설탕 50g과 잼용 펙틴을 담고 덩어리지지 않게 골고루 섞습니다.

02 냄비에 냉동 라즈베리를 담고 중간 불에서 계속 저으며 끓이다 수분이 어느 정도 생기면 나머지 설탕 150g을 넣고 골고루 섞은 뒤 핸드 블렌더로 곱게 갑니다.

214

03 부드럽게 갈아졌다면 약 30초간 거품기로 잘 저으며 바글바글 졸이듯 끓이다가 01을 넣고 다시 거품기로 잘 섞습니다.

04 얼음물에 잼을 조금씩 떨어트렸을 때 덩어리지는 상태가 되면 마무리합니다. 라즈베리 잼 완성.

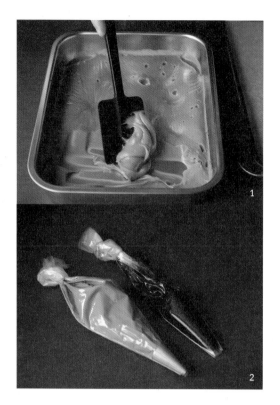

1 100p를 참고하여 피스타치오 가나슈를 만듭니다.

2 작은 깍지를 끼운 짤주머니에 피스타치오 가나슈를, 깍지를 끼우지 않은 짤주머니에 라즈베리 잼을 옮겨 담고 스크래퍼로 정리합니다. 라즈베리 잼 짤주머니는 짜기 전 끝을 작게 잘라 둡니다.

3 앞뒤 다른 색으로 짝을 맞춰 둔 투톤 코크의 평평한 면에 가나슈를 스터핑하고 가운데에 라즈베리 잼을 속부터 채워 뽑아 올리듯 작게 짜고 표면을 살짝 말린 후 결합합니다.

4 완성한 마카롱은 밀폐 용기에 넣고 24시간 동안 냉장 보관합니다.

미완성식탁 마카롱 수업

1판 1쇄 펴냄 2020년 12월 2일
1판 2쇄 찍음 2020년 12월 15일

지은이 최창희

편집 김수연 김지향
교정교열 윤혜민
디자인 onmypaper
미술 김낙훈 한나은 이미화
마케팅 정대용 허진호 김채훈 홍수현 이지원
온라인마케팅 유선사
홍보 이시윤
제작 박성래 임지헌 김한수 이인선
관리 박경희 김하림 김지현

사진 한정수(010-6232-8725)
촬영 어시스트 이정수, 심현정
촬영 소품 지승민의 공기

펴낸이 박상준
펴낸곳 세미콜론
출판등록 1997. 3. 24. (제16-1444호)
06027 서울특별시 강남구 도산대로1길 62

대표전화 515-2000 팩시밀리 515-2007
편집부 517-4263 팩시밀리 515-2329

ISBN 979-11-91187-53-3 13590

세미콜론은 민음사 출판그룹의
만화·예술·라이프스타일 브랜드입니다.
www.semicolon.co.kr

트위터 semicolon_books
인스타그램 semicolon.books
페이스북 SemicolonBooks
유튜브 세미콜론TV

FREE MACARON
for 5 macarons

INCOMPLETETABLE
seoul

마카롱 1개 증정 쿠폰
(마카롱 5개 구입시)

매장 주소 : 서울시 마포구 망원로6길 37(망원요일 휴무)

미완성식탁 매장에서 본 쿠폰을 제시하면 사용 가능합니다.
증정 마카롱은 즉시 제공되며, 추후 별도 제공은 불가합니다.
증정 마카롱은 당일 리스트업 메뉴 중 원하는 맛으로 제공 가능합니다.
타 쿠폰과 중복 적용 불가 / 현금 교환 불가합니다.
쿠폰 분실 또는 훼손 시 사용 불가하며 본 쿠폰은 하루 1인 1회 사용 가능합니다.

유효기간 2021년 6월 30일까지

incompletable

INCOMPLETETABLE
seoul

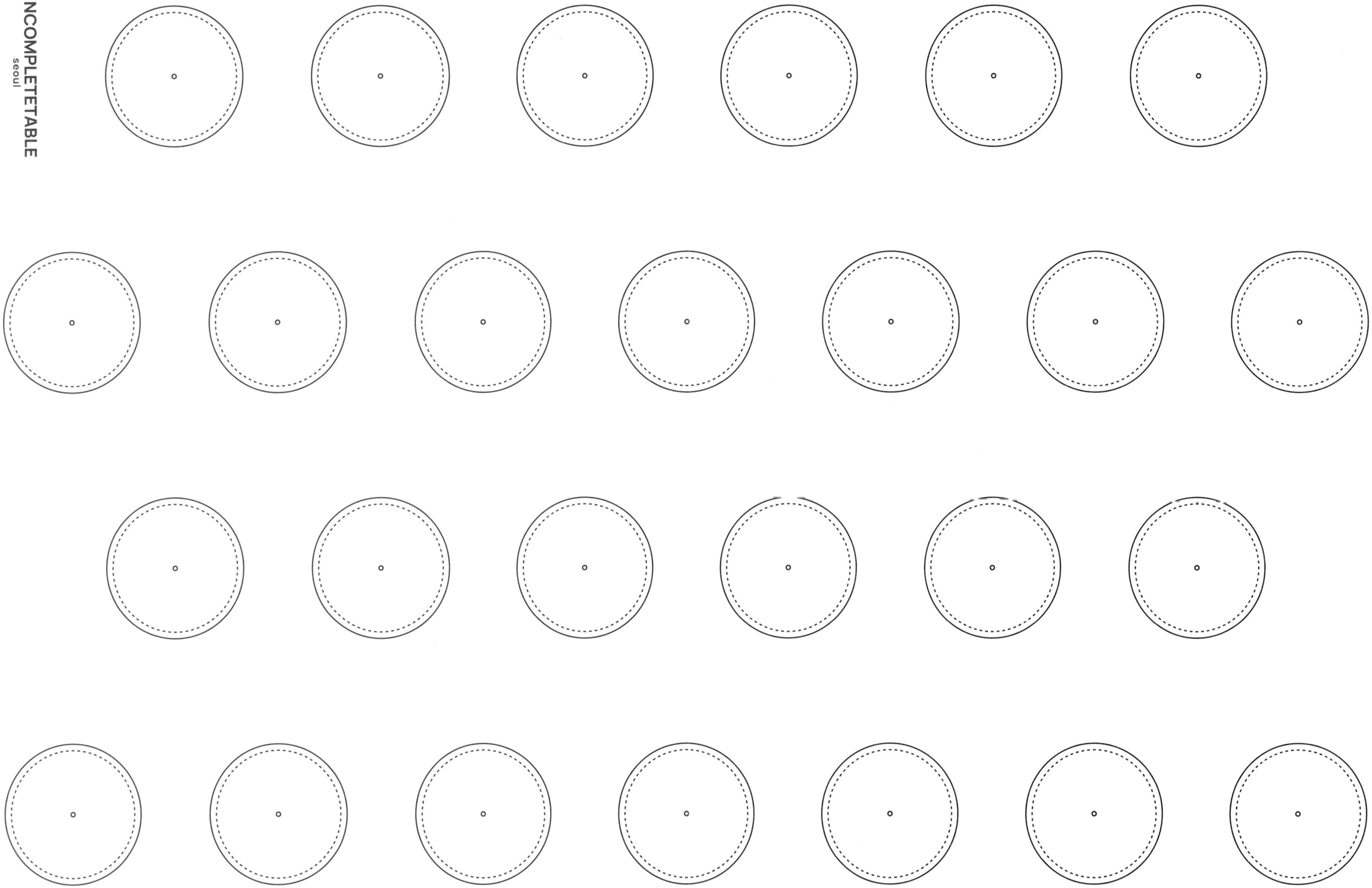